工程测绘技术与管理研究

王立　黄明　陆力◎著

吉林科学技术出版社

图书在版编目（CIP）数据

工程测绘技术与管理研究 / 王立，黄明，陆力著
. -- 长春 ：吉林科学技术出版社，2023.3
ISBN 978-7-5744-0159-4

Ⅰ．①工… Ⅱ．①王… ②黄… ③陆… Ⅲ．①工程－
测绘－研究 Ⅳ．①TB2

中国国家版本馆CIP数据核字(2023)第053810号

工程测绘技术与管理研究

作 者	王 立 黄 明 陆 力	
出 版 人	宛 霞	
责任编辑	李 超	
幅面尺寸	185 mm×260mm	
开 本	16	
字 数	317千字	
印 张	14	
版 次	2023年3月第1版	
印 次	2023年3月第1次印刷	

出　　版　吉林科学技术出版社
发　　行　吉林科学技术出版社
地　　址　长春市净月区福祉大路5788号
邮　　编　130118
发行部电话/传真　0431-81629529　81629530　81629531
　　　　　　　　　81629532　81629533　81629534

储运部电话　0431-86059116

编辑部电话　0431-81629518

印　　刷　北京四海锦诚印刷技术有限公司

书　　号　ISBN 978-7-5744-0159-4
定　　价　85.00元

前　言

随着科学技术的发展和进步，信息技术、数字技术都得到了空前的发展。在当今世界，经济全球化的发展趋势也势如破竹，推动经济全球化的动力则来自信息技术和信息产业。伴随着信息时代的发展，我国的传统测绘技术也迈向了数字化、信息化时代，测绘新技术对现代土木工程建设的影响越来越大。

土木工程活动是人类适应与改造自然生态环境的重要生产活动之一，而土木工程的加固改造以及现场测量工作是其质量和寿命的决定因素。在现代土木工程活动开展过程中，土地测绘工作具有基础性的作用，同时也是土地管理工作的核心内容之一。工程测绘技术作为行业中不可或缺的工程检测与数据测绘手段，通过不断应用新兴技术，工程测绘技术得到长足的发展。目前，现代工程测绘技术仍是建筑工程与土木作业中使用的主要数据获得技术。

本书首先阐述了测量的基础知识，包括测量学的任务及作用、地面点位置的确定、测量误差的基本知识、工程测量的发展展望；接着详细论述了工程测绘中的水准测量、角度测量、距离测量以及大比例尺地形图的测绘和地理信息系统工程的相关内容；其次对工程测绘中的施工放样以及建筑工程测量、路桥工程测量、水利水运工程测量做了简要介绍；最后以测绘管理原理为基础，简要阐述了测绘科学技术管理、测绘生产质量管理以及测绘成果管理与标志保护和地理信息系统等内容，旨在为现代工程测量技术的发展与改革，提供行之有效的意见及建议。

本书在编写中，参考了有关标准、规范、教材和论著，在此谨向有关编著者表示衷心的感谢。

目　　录

第一章　测绘基础知识 ……………………………………………………… 1

　　第一节　测量学的任务及作用 …………………………………………… 1

　　第二节　地面点位置的确定 ……………………………………………… 4

　　第三节　测量误差的基本知识 …………………………………………… 15

　　第四节　工程测量的发展展望 …………………………………………… 21

第二章　工程测绘技术 …………………………………………………… 24

　　第一节　水准测量 ………………………………………………………… 24

　　第二节　角度测量 ………………………………………………………… 31

　　第三节　距离测量 ………………………………………………………… 40

第三章　大比例尺地形图的测绘 ……………………………………… 51

　　第一节　地形图的基本知识 ……………………………………………… 51

　　第二节　小区域控制测量 ………………………………………………… 54

　　第三节　经纬仪测图 ……………………………………………………… 60

　　第四节　数字化测图 ……………………………………………………… 68

　　第五节　倾斜摄影测量技术在大比例尺地形图测绘中的应用 ……… 71

　　第六节　遥感技术在大比例尺地形图测绘中的应用 ………………… 77

第四章　地理信息系统工程 …………………………………………… 81

　　第一节　地理信息系统工程的概念与框架 …………………………… 81

第二节　地理信息系统工程的总体设计 ……………………………… 90

第三节　GIS 数据的采集与处理 ……………………………………… 97

第四节　地理信息系统工程新技术研究和发展趋势 ………………… 117

第五章　工程建（构）筑物的施工放样 ……………………………… 134

第一节　建筑限差和放样精度 ………………………………………… 134

第二节　施工放样的种类和常用方法 ………………………………… 136

第三节　特殊的施工放样方法 ………………………………………… 140

第四节　道路曲线及放样数据计算 …………………………………… 147

第六章　施工测量 ……………………………………………………… 155

第一节　建筑工程 ……………………………………………………… 155

第二节　路桥工程 ……………………………………………………… 164

第三节　水利与水运工程 ……………………………………………… 177

第七章　测绘管理 ……………………………………………………… 184

第一节　测绘管理基本概念 …………………………………………… 184

第二节　测绘科学技术管理 …………………………………………… 189

第三节　测绘生产质量管理 …………………………………………… 194

第四节　测绘成果管理与标志保护 …………………………………… 198

第五节　地理信息系统的研究 ………………………………………… 207

参考文献 ………………………………………………………………… 214

第一章 测绘基础知识

第一节 测量学的任务及作用

一、测量学的概念

测量学是研究测定地面点的平面位置和高程，将地球表面的形状及其他信息测绘成图，以及确定地球形状和大小的科学。它的任务包括测绘和测设两方面。

测绘又称"测定"，是指运用测量仪器和工具，通过实地测量和计算，将地面上物体的位置、大小、形状和地面的高低起伏状态等信息，按规定的符号，依照一定的比例尺绘制成地形图或以数字形式编制成数据资料，为科学研究和工程建设的规划、设计、管理等工作提供图纸和资料。

测设又称"放样"，它是指把图纸上规划、设计好的建筑物、构造物的位置按照设计要求在地面上用特定的方式标定出来，作为施工的依据。

随着现代测量技术的发展和不同学科的交叉融合，现代测量产生了许多分支学科：大地测量学、地形测量学、摄影测量学、工程测量学、地图制图学、遥感（Remote Sensing，RS）、全球定位系统（Global Positioning System，GPS）和地理信息系统（Geographic Information System，GIS）等。

（一）大地测量学

大地测量学是研究和测定地球的形状、大小和重力场，地球的整体与局部运动和测定地面点的几何位置以及它们的变化的理论和技术的科学。现代大地测量学包括几何大地测量学、物理大地测量学和卫星大地测量学。

（二）地形测量学

地形测量学是研究将地球表面局部地区的自然地貌、人工建筑和行政权属界线等测绘成地形图、地籍图等的基本理论和方法的科学。

（三）摄影测量学与遥感（RS）

摄影测量学与遥感是研究利用摄影或遥感的手段获取目标物的影像数据，从中提取几何的或物理的信息，并用图形、图像和数字形式表达目标物空间分布及相互关系的科学。这一科学过去称为"摄影测量学"。摄影测量本身已完成了"模拟摄影测量"与"解析摄影测量"的发展历程，现在正进入"数字摄影测量阶段"。由于现代航天技术和计算机技术的发展，当代遥感技术可以提供比光学摄影所获得的黑白相片更丰富的影像信息，因此，在摄影测量中引进了遥感技术。目前，遥感技术不仅自身在飞速发展，而且与卫星定位技术和地理信息技术相集成，成为地球空间信息的科学与技术。

（四）地图制图学与地理信息系统（GIS）

地图制图学与地理信息系统是研究利用地图图形来科学、抽象、概括地反映自然界和人类社会各种现象的空间分布、相互关系及其动态变化，并对空间信息进行获取、智能抽象、存储、管理、分析、处理、可视化及其应用的科学。

（五）工程测量学

工程测量学是研究工程建设和自然资源开发中各个阶段进行的控制测量、地形测绘、施工放样和变形监测的理论和技术的科学。它是测量学在国民经济和国防建设中的直接应用，包括规划设计阶段的测量、施工兴建阶段的测量、竣工验收阶段的测量和运营管理阶段的测量。每个阶段的测量工作，其内容、方法和要求也不尽相同。

现代工程测量的发展趋势和特点可概括为"六化"和"十六字"。

"六化"：测量内外业作业的一体化；数据获取及处理的自动化；测量过程控制和系统行为的智能化；测量成果和产品的数字化；测量信息管理的可视化；信息共享和传播的网络化。

"十六字"：精确、可靠、快速、简便、连续、动态、遥测、实时。

二、道路工程测量的任务和作用

在工程建设过程中，工程项目一般分规划与勘测设计、施工、运营管理三个阶段，测量工作贯穿工程项目建设的全过程。根据不同的施测对象和阶段，工程测量有以下任务：

（一）测绘大比例尺地形图

把工程建设区域内的各种地面物体的位置、形状以及地面的高低起伏状态，依据规定的符号和比例绘制成地形图，为工程建设的规划、设计提供必要的图纸和资料。

（二）施工测量

把图纸上已设计好的各种工程构筑物的平面位置和高程，按设计要求在地面上标定出来，作为施工的依据并配合施工，进行各种施工标志的测设工作，确保施工质量。

（三）变形观测

对于一些重要的工程项目，在施工和运营期间，为了确保安全，还需要进行变形观测，以监视其安全施工和运营，并为以后改进设计、优化施工和加强管理提供资料。

道路工程测量工作在道路工程建设中起着重要的作用。在公路建设中，为获得一条最经济、最合理的路线，首先要进行路线勘测，绘制带状地形图和纵、横断面图，进行纸上定线和路线设计，并将设计好的路线平面位置、纵坡及路基边坡等在地面上标定出来，以便指导施工。当路线跨越河流时，拟设置桥梁之前，应测绘河流两岸的地形图，测定桥轴线的长度及桥位处的河床断面，为桥梁方案选择及结构设计提供必要的数据。当路线穿越高山，采用隧道时，应测绘隧址处地形图，测定隧道的轴线、洞口、竖井等的位置，为隧道设计提供必要的数据。

总之，道路、桥梁、隧道的勘测、设计、施工等各个阶段都离不开测量技术。因此，作为一名从事道桥专业的技术人员，必须具备测量学的基本理论、基本知识和基本技能，才能为我国的交通建设事业做出贡献。

三、测量工作的原则和方法

测量工作由观测人员采用一定的仪器和工具在野外进行，在观测过程中，人为因素、仪器精度及外界条件的影响，都有可能使观测结果存在误差。

为了避免误差积累及消减其对测量结果的影响，测量工作应遵循以下原则：在测量布局上要"先整体后局部"、在测量程序上要"先控制后碎部"、在测量精度上要"由高级到低级"。即首先在待测区域选择若干特殊的"控制点"，用较精密的仪器设备准确地把这些点的平面位置和高程测量出来，然后再根据测量出来的这些"控制点"去确定其他的地面点的位置。

采用上述原则和方法进行测量，可以有效地控制误差的传递和累积，使整个测区的精度较为统一和均匀。

第二节 地面点位置的确定

一、地球的形状和大小

测量工作是在地球的自然表面上进行的，所以必须知道地球的形状和大小。而地球的自然表面十分复杂，有高山、丘陵、平原和海洋等，其形状是高低不平，很不规则的。为了确定地面点的位置和绘制地形图，就有必要把直接观测的数据结果归化到一个参考面上，而这个参考面必须尽可能与地球形体的表面相吻合，因此，我们有必要认识地球的形体和与测量有关的坐标系的问题。

（一）大地水准面

尽管地球的表面高低不平，极不规则，甚至高低相差较大，如最高的珠穆朗玛峰高出海平面达 8 844.43 m，最低的太平洋西部的马里亚纳海沟低于海平面达 11 034 m。尽管有这样大的高低起伏，但相对于半径近似为 6371 km 的地球来说是很小的，故对地球总的形状的影响可以忽略不计。又由于海洋面积约占整个地球表面的 71%，陆地面积仅占 29%，因此，可以把海水面延伸至陆地所包围的地球形体看作地球总的形状。

地球上的任意一点，都同时受到两个作用力：一是地球自转产生的离心力，二是地心引力。这两个力的合力称为"重力"。重力的作用线又称为"铅垂线"。

处于自由静止状态的水面称为"水准面"。由物理学可知，这个面是一个重力等位面。水准面处处与重力方向（铅垂线方向）垂直。在地球引力起作用的空间范围内，通过任何高度的点都有一个水准面，因而水准面有无数个。

在测量工作中，我们假想有一个自由静止的海水面，向陆地延伸且包围整个地球而形成一个封闭曲面，这个曲面我们称之为"水准面"。水准面作为流体的水面是受地球重力影响而形成的重力等位面，是一个处处与重力方向垂直的连续曲面。由于海水有潮汐，海水面时高时低，因此，水准面有无数个，我们将其中一个与平均海平面相吻合的水准面称为"大地水准面"。由大地水准面所包围的地球形体，称为"大地体"。

大地水准面是测量工作的基准面。另外，我们将重力的方向线称为"铅垂线"，铅垂线是测量工作的基准线。

由于海水面受潮汐和风浪的影响，是个动态的曲面，平均静止的海水面实际在大自然中是不存在的。为此，我国在青岛设立验潮站，长期观察和记录黄海海水面的高低变化，取其平均值作为我国的大地水准面的位置（其高程为零），并在青岛建立了水准原点。

（二）旋转椭球面

用大地体表示地球的形状是比较恰当的，但是由于地球内部质量分布不均匀，引起局部重力异常，导致铅垂线的方向产生不规则的变化，使得大地水准面上也有微小的起伏，成为一个复杂的曲面，因此，无法在这个复杂的曲面上进行测量数据的处理。

长期的测量实践研究表明，地球形状极近于一个两极稍扁的旋转椭球，即一个椭圆绕其短轴旋转而成的球体。这样，测量工作的基准面为大地水准面，而测量计算工作的基准面为旋转椭球面。

世界各国通常采用旋转椭球代表地球的形状，并称为"地球椭球"。测量工作中把与大地体最接近的地球椭球称为"总地球椭球"；把与某个区域如一个国家大地水准面最为密合的椭球称为"参考椭球"，其椭球面称为"参考椭球面"。由此可见，参考椭球有许多个，而总地球椭球只有一个。

旋转椭球的形状和大小可由其长半轴 a（或短半轴 b）和扁率 α 来表示。我国 1980 年国家大地坐标系采用了 1975 年国际椭球，该椭球的基本元素为：

长半轴：$a = 6378.140$ km

短半轴：$b = 6356.755$ km

扁率：$\alpha = \dfrac{a-b}{a} \approx \dfrac{1}{298.253}$

由于旋转椭球的扁率很小，因此，当测区范围不大时，可近似地把旋转椭球作为圆球，其半径近似值为：$R = \dfrac{1}{3}(2a + b) \approx 6\,371$km。

二、测量坐标系

为了确定地面点的空间位置，需要建立测量坐标系。在一般工程测量中，确定地面点的空间位置，通常须用三个量，即该点在一定坐标系下的三维坐标，或该点的二维球面坐标或投影到平面上的二维平面坐标，以及该点到大地水准面的铅垂距离（高程）。为此，我们必须研究测量中常用的坐标系。

（一）大地坐标系

用大地经度 L 和大地纬度 B 表示地面点投影到旋转椭球面上位置的坐标，称为"大地坐标系"，亦称为"大地地理坐标系"。该坐标系以参考椭球面和法线作为基准面和基准线。

如图 1-1 所示，NS 为地球的自转轴（或称"地轴"），N 为北极，S 为南极。过地面任一点与地轴 NS 所组成的平面称为该点的"子午面"。子午面与球面的交线称为"子午线"或"经线"。国际公认通过英国格林尼治天文台的子午面，是计算经度的起算面，称为"本初子午面"。

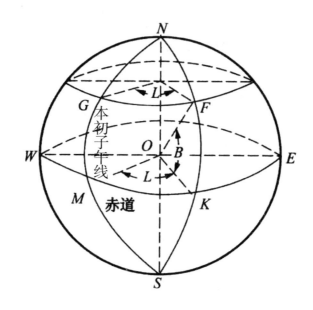

图 1-1 大地坐标系

过 F 点的子午面 NFKSON 与首子午面 NGMSON 所成的两面角，称为 F 点的"大地经度"。它自本初子午线向东或向西由 0° 起算至 180°，在首子午线以东者为东经或写成 0°~180°E，以西者为西经或写成 0°~180°W。

垂直于地轴 NS 的平面与地球球面的交线称为"纬线"；通过球心 O 并垂直于地轴 NS 的平面，称为"赤道平面"。赤道平面与球面相交的纬线称为"赤道"。过 F 点的法线（与旋转椭球面垂直的线）与赤道面的夹角，称为 F 点的"大地纬度"。在赤道以北者为北纬或写成 0°~90°N，以南者为南纬或写成 0°~90°S。

例如，我国首都北京位于北纬 40°、东经 116°，也可用 $B=40°N$、$L=116°E$ 表示。

用大地坐标表示的地面点，统称"大地点"。一般而言，大地坐标由大地经度 L、大地纬度 B 和大地高 H 三个量组成，用以表示地面点的空间位置。

我国于 20 世纪 50 年代和 80 年代，分别建立了国家大地坐标系统——1954 年北京坐标系和 1980 西安坐标系，测制了各种比例尺地形图，为国民经济和社会发展提供了基础的测绘保障。

我国从 2008 年 7 月 1 日起启用 2000 国家大地坐标系（简称为 CGCS2000）。2000 国家大地坐标系与现行的 1980 西安坐标系转换、衔接的过渡期为 8~10 年。现有各类测绘成果，在过渡期内可沿用现行 1980 西安坐标系。2008 年 7 月 1 日后新生产的各类测绘成果应采用 2000 国家大地坐标系。现有地理信息系统，在过渡期内应逐步转换到 2000 国家大地坐标系。2008 年 7 月 1 日后新建的地理信息系统，应采用 2000 国家大地坐标系。

（二）地心坐标系

地心坐标系属于空间三维直角坐标系，用于卫星大地测量。由于人造地球卫星围绕地球运动，地心坐标系取地球质心为坐标原点 O。X，Y 轴在地球赤道平面内，首子午面与赤道平面的交线为 X 轴，Z 轴与地球自转轴相重合，如图 1-2 所示。地面点 A 的空间位置用三维直角坐标 X_A，Y_A 和 Z_A 表示。

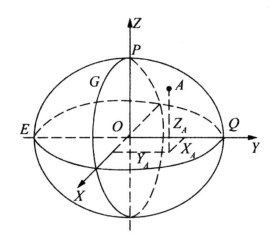

图 1-2 地心坐标系

地心坐标和大地坐标可以通过一定的数学公式进行换算。

（三）高斯平面直角坐标系

高斯平面直角坐标系采用高斯投影方法建立。高斯投影由德国测量学家高斯于 1825 年—1830 年首先提出，到 1912 年，德国测量学家克吕格推导出了实用的坐标投影公式，所以又称"高斯-克吕格投影"。为满足工程测量及其他工程的应用，我国采用高斯-克吕格投影，简称"高斯（Gauss）投影"。

高斯投影法是将地球划分成若干带，然后将每带投影到平面上。如图 1-3 所示，投影带是从本初子午线起，每隔经差 6°划一带（称为"六度带"或"6°带"），自西向东将整个地球划分成经差相等的 60 个带，各带从本初子午线起自西向东依次编号，用数字 1，2，3，…,60 表示。位于各带中央的子午线，称为该带的"中央子午线"。第一个 6°带的中央子午线的经度为3°，任意带的中央子午线的经度 L 可按下式计算：

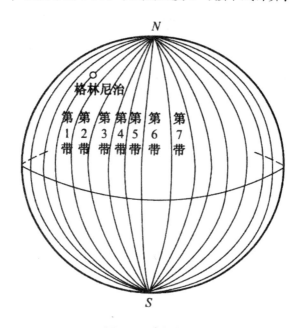

图 1-3　高斯投影分带

$$L = 60°N - 3°$$

$$(1-1)$$

式中：N——6°带的号数。

反之，已知地面任一点的经度 L，要计算该点所在的 6°带编号的公式为：

$$N = Int\left(\frac{L + 3}{6} + 0.5\right)$$

$$(1-2)$$

式中：Int——取整函数。

按上述方法划分投影带后，即可进行高斯投影。如图 1-4（a）所示，设想用一个平面卷成一个空心椭圆柱，把它横着套在旋转椭球外面，使椭圆柱的中心轴线位于赤道面内并通过球心，且使旋转椭球上某 6°带的中央子午线与椭圆柱面相切。

在椭球面上的图形与椭圆柱面上的图形保持等角的情况下，将整个 6°带投影到椭球柱面上。然后将椭圆柱沿着通过南北极的母线切开并展成平面，便得到 6°带在平面上的影像，如图 1-4（b）所示。中央子午线经投影展开后是一条直线，以此直线作为纵轴，即 X 轴；赤道是一条与中央子午线相垂直的直线，将它作为横轴，即 Y 轴；两直线的交点作为原点，则组成了高斯平面直角坐标系。

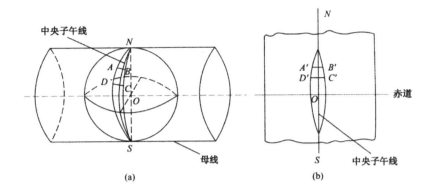

图 1-4 高斯投影

当测绘大比例尺图要求投影变形更小时，可采用3°分带投影法。它是从东经1°30′起，自西向东每隔经差3°划分一带，将整个地球划分为120个带，每带中央子午线的经度 L_0 可按下式计算：

$$L_0 = 3n$$

（1-3）

式中：n——3°带的号数。

反之，已知地面任一点的经度 L_0，要计算该点所在的统一3°带编号的公式为：

$$n = Int\left(\frac{L_0}{3} + 0.5\right)$$

（1-4）

将投影后具有高斯平面直角坐标系的6°带一个个拼接起来，便得到如图1-5所示的图形。

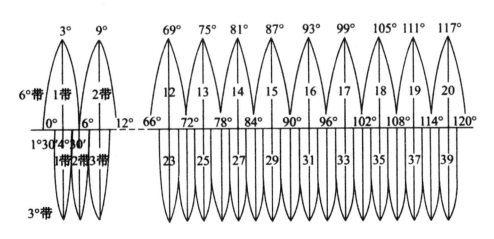

图 1-5 6°和3°高斯投影

我国领土所处的概略经度范围为东经73°27′～东经135°09′，根据式（1-2）和式（1-

4）求得的统一 6°带投影和统一 3°带投影的带号分别为 13~23、24~45，在我国领土范围内，统一 6°带与统一 3°带的投影带号不重叠。

我国位于北半球，X 坐标均为正值，而 Y 坐标有正有负。为避免横坐标 Y 出现负值，故规定把坐标纵轴向西平移 500 km，如图 1-6 所示。另外，为了能根据横坐标确定该点位于哪一个投影带内，还规定在横坐标值前冠以带号。高斯投影中，离中央子午线近的部分变形小，离中央子午线愈远变形愈大，两侧对称。

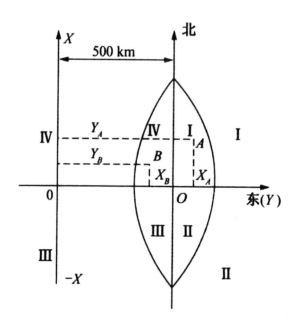

图 1-6　高斯平面直角坐标系

（四）独立平面直角坐标系

大地水准面虽然是曲面，但当测量区域较小（如半径不大于 10 km 的范围）时，可以用测区中心点 C 的切平面来代替曲面，如图 1-7 所示。地面点在切平面上的投影位置就可以用平面直角坐标来确定。测量工作中采用的平面直角坐标如图 1-8 所示。以两条互相垂直的直线为坐标轴，两轴的交点为坐标原点，规定南北方向为纵轴，并记为 X 轴，X 轴向北为正，向南为负；以东西方向为横轴，并记为 Y 轴，Y 轴向东为正，向西为负。地面上某点 P 的位置可用 X_P 和 Y_P 表示。平面直角坐标系中象限按顺时针方向编号。

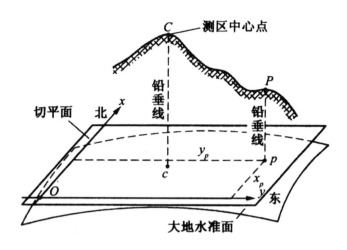

图 1-7 以切平面代替曲面假定平面直角坐标系原理

X 轴与 Y 轴和数学上规定的互换,其目的是定向方便(测量上习惯以北方向为起始方向),且将数学上的公式直接照搬到测量的计算工作中,无须做任何变更。原点 O 一般选在测区的西南角,如图 1-8 所示,使测区内各点的坐标均为正值。

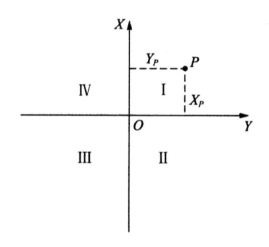

图 1-8 独立平面直角坐标系

(五) 高程系统

为了确定地面点的空间位置,除了要确定其在基准面上的投影位置外,还应确定其沿投影方向到基准面的距离,即确定地面的高程。

为了建立全国统一的高程系统,必须确定一个高程基准面。通常采用平均海水面代替大地水准面作为高程基准面,平均海水面的确定是通过验潮站多年验潮资料来求定的。我国确定平均海水面的验潮站设在青岛,根据青岛验潮站 1950 年—1956 年 7 年验潮资料求定的高程基准面,称为"1956 年黄海平均高程面",以此基准面建立了"1956 年黄海高程系"。自 1959 年开始，全国统一采用 1956 年黄海高程系。

由于海洋潮汐长期变化周期为 18.6 年，经对 1952 年—1979 年验潮资料的计算，确定了新的平均海水面，称为"1985 国家高程基准"。经国务院批准，我国自 1987 年开始采用"1985 国家高程基准"。

为维护平均海水面的高程，必须设立与验潮站相联系的水准点作为高程起算点，这个水准点叫"水准原点"。我国水准原点设在青岛市观象山上，全国各地的高程都以它为基准进行测算。"1956 年黄海高程系"的水准原点高程为 72.289 m，"1985 国家高程基准"的水准原点高程为 72.260 m。

在一般测量工作中，均以大地水准面作为高程基准面。地面点到大地水准面的铅垂距离称为该点的"绝对高程"或称"海拔"，通常以 H_i 表示。如图 1-9 所示，H_A 和 H_B 即为 A 点和 B 点的绝对高程。

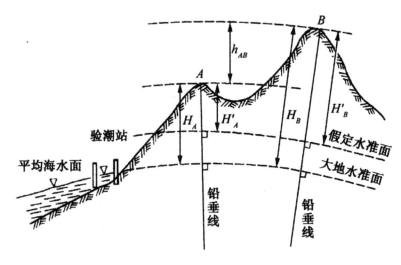

图 1-9 高程和高差

当个别地区引用绝对高程有困难时，可采用假定高程系统，即采用任意假定的水准面作为高程起算的基准面。如图 1-9 所示，地面点到假定水准面的铅垂距离，如 H'_A 和 H'_B 称为"假定高程"。

地面上两个点之间的高程差称为"高差"，通常用 h_{ij} 表示。如地面点 A 与点 B 之间的高差为 h_{AB}，即：

$$h_{AB} = H_B - H_A = H'_B - H'_A$$

$$(1-5)$$

由此可见，两点间的高差与高程起算面无关。

三、用水平面代替水准面的限度

水准面是一个曲面。从理论上讲，即使将极小部分的水准面当作平面看待，也是要产生变形的。但是由于测量和绘图的过程中都不可避免地产生误差，若将小范围的水准面当作平面看待，其产生的误差不超过测量和绘图的误差，那么这样做是可以的，而且也是合理的。

下面来讨论以水平面代替水准面时对距离和高程的影响，以便明确用水平面代替水准面的范围。在分析过程中，将大地水准面近似看成圆球，半径 $R = 6\ 371$ km。

（一）水准面曲率对距离的影响

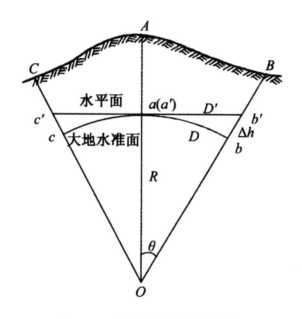

图 1-10　水平面代替水准面的影响

如图 1-10 所示，A，B，C 是地面点，它们在大地水准面上的投影点是 a，b，c，用该区域中心点的切平面代替大地水准面后，地面点在水平面上的投影点是 a'，b'，c'。现分析由此而产生的影响。设 A，B 两点在大地水准面上的距离为 D，在水平面上的距离为 D'，则两者之差为 $\triangle D$，即用水平面代替水准面所引起的距离差异。在推导公式时，近似地将大地水准面视为半径为 R 的球面，则有：

$$\Delta D = D' - D = R(\tan\theta - \theta)$$

$$(1-6)$$

将 $\tan\theta$ 展开成级数：

$$\tan\theta = \theta + \frac{1}{3}\theta^3 + \frac{2}{15}\theta^5 + \cdots$$

由于 θ 角很小，因此，可略去三次方以上的高次方项，只取其前两项代入式（1-6）中，得：

$$\Delta D = R \left(\theta + \frac{1}{3}\theta^3 - \theta \right)$$

又因 $\theta = \dfrac{D}{R}$ ，故

$$\Delta D = \frac{D^3}{3R^2}$$

（1-7）

或

$$\frac{\Delta D}{D} = \frac{D^2}{3R^2}$$

（1-8）

在上两式中，取地球半径 $R = 6371$ km，当距离 D 取不同的值时，则得到不同的 $\triangle D$ 和 $\triangle D/D$，其结果列入表 1-1 中。

表 1-1   用水平面代替水准面的距离误差和相对误差

距离 D （km）	距离误差 $\triangle D$ （cm）	相对误差 $\triangle D/D$	距离 D （km）	距离误差 $\triangle D$ （cm）	相对误差 $\triangle D/D$
10	0.8	1：1250000	50	102.6	1：49000
25	12.8	1：200000	100	821.2	1：12000

从表 1-1 可以看出，当 $D = 10$ km 时，所产生的相对误差为 $1：1250000$，这样小的误差，对精密量距来说也是允许的。因此，在半径为 10 km 的面积之内进行距离测量时，用水平面代替水准面所产生的距离误差可以忽略不计，即可不考虑地球曲率对距离的影响。

（二）水准面曲率对高程的影响

在图 1-10 中，地面上点 B 的高程应是铅垂距离 bB，如果用水平面做基准面，则 B 点的高程为 $b'B$，两者之差为 $\triangle h$，即为对高程的影响。从图中可得：

$$\Delta h = bB - b'B = Ob' - Ob = R\sec\theta - R = R(\sec\theta - 1)$$

（1-9）

将 $\sec\theta$ 展开成级数：

$$\sec\theta = 1 + \frac{1}{2}\theta^2 + \frac{5}{24}\theta^4 + \cdots$$

因 θ 角很小，因此只取其前两项代入式（1-9），又因 $\theta = \dfrac{D}{R}$，则得：

$$\Delta h = R\left(1 + \frac{1}{2}\theta^2 - 1\right) = \frac{1}{2}R\theta^2 = \frac{D^2}{2R}$$

$$(1-10)$$

取 $R = 6371\ km$，用不同的距离 D 代入式（1-10），便得表 1-2 所列的结果。

表 1-2　用水平面代替水准面的高程误差

D(km)	0.1	0.2	0.3	0.4	0.5	1.0	2.0	5.0	10
$\triangle h$(cm)	0.08	0.31	0.71	1.26	1.96	7.85	31.39	196.20	784.81

从表 1-2 可以看出，用水平面做基准面对高程的影响是很大的。例如，距离为 200 m 时就有 0.31 cm 的高程误差，在 500 m 时高程误差达 1.96 cm，这在测量中是不允许的。

因此，就高程测量而言，即使距离很短，也必须用水准面作为测量的基准面，即应考虑地球曲率对高程的影响。

第三节　测量误差的基本知识

一、测量误差及其产生的原因

在测量工作中，观测的未知量是角度、距离和高程，用仪器观测未知量而获得的数值叫作"观测值"。实践证明，当对某个量进行多次重复观测时，不论测量仪器有多么精密，观测多么认真细致，观测值之间总是存在差异。例如，对某一三角形的内角进行观测，三内角的观测值之和不等于 180°（三角形内角和的理论值）；又如，观测某一闭合水准路线，其高差闭合差的观测值不等于零（理论值）。这些结果都说明测量结果不可避免地存在误差。

我们把某一量值的观测值与真值或应有值之间的差异称为"测量误差"，简称"误差"。在测量过程中，测量误差是不可避免的。但要注意，在测量中会基于各种原因出现某些错误，而错误不属于误差，因为错误是由于粗心大意或操作错误所致。尽管错误难以完全杜绝，但是在测量中可以通过观测与计算中的步步校核，把它从结果中剔除掉，保证结果的正确可靠。

测量过程是测量员操作测量仪器设备，在一定外界条件下进行的。因此，测量误差产生的原因归纳起来可分为以下三方面：

（一）观测者

观测者的感觉器官有一定的限度，特别是人的眼睛分辨能力的局限性，在仪器的安置、对中、整平、照准、读数等方面都会给测量结果带来误差；同时，在观测过程中操作的熟练程度、习惯都有可能给测量结果带来误差。

（二）测量设备

测量设备的精密程度对测量结果也有影响，测量仪器设备引起的误差称为"仪器误差"。仪器误差与测量仪器、工具的精密性相关，比如，很难利用普通的量角器将一个角度的分和秒部分精确测量出来。

（三）外界条件

各种观测都在一定的自然环境下进行。外界条件的影响是指观测过程中不断变化着的大气温度、湿度、风力以及大气的能见度等给观测结果带来的误差，比如，由于温度升高致使丈量距离的钢尺膨胀变长而引起的误差，由于大气折光给测角带来的误差。

二、测量误差的分类

测量误差按其产生的原因和性质可分为系统误差和偶然误差两类。

（一）系统误差

在相同的观测条件下，进行一系列的观测，如果误差出现的符号和大小不变，或按一定的规律变化，这种误差称为"系统误差"。系统误差有积累的特性，符号与数值大小有一定的规律。例如，用名义长度为 50 m，而实际正确长度为 50.010 m 的钢尺量距，每量 50 m 就会累积 0.010 m 的误差。对于系统误差，可采用两种办法加以消除或抵消：第一种方法是通过计算改正加以消除，如在用钢尺量距时进行尺长、温度和倾斜的改正；第二种方法是在观测时采取适当措施加以抵消，如在水准测量中，前后视距相等可以抵消水准轴管不完全平行于视准轴的误差，同时也可以抵消地球曲率和大气折光的影响。同时，尽量提高观测者的技能与熟练程度，最大限度地减少人为影响。

（二）偶然误差

在相同的观测条件下，对某一量进行一系列观测，如果误差出现的符号和大小从表面看没有一定的规律性，这种误差称为"偶然误差"。偶然误差是由人力所不能控制的因素或无法估计的因素（如人眼的分辨率等）引起的，其数值的大小、符号的正负具有偶然性。例如，我们用望远镜照准目标，由于大气的能见度和人眼的分辨率等因素使我们照准时有时偏左，有时偏右。在水准标尺上读数时，估读的毫米位有时偏大，有时偏小。

设某一量值的真值为 X，对此量进行了 n 次观测，得到的观测值为 l_1，$l_2 \cdots$，l_n，在每次观测中产生的偶然误差（又称"真误差"）为 Δ_1，Δ_2，$\cdots$，Δ_n，则定义：

$$\Delta_i = X - l_i$$

（1-11）

在大量实践中，通过研究分析、统计计算，可以得出偶然误差的四个特性。

一是在一定观测条件下，偶然误差的绝对值有一定的限度，或者说超出某一定限值的误差出现的概率为零。

二是绝对值较小的误差比绝对值较大的误差出现的概率大。

三是绝对值相等的正、负误差出现的概率几乎相同。

四是同一量的等精度观测，其偶然误差的算术平均值，随着观测次数 n 的无限增加而趋于零，即：

$$\lim_{n \to \infty} \frac{[\Delta]}{n} = 0$$

（1-12）

式中：n——观测次数；

$[\Delta]$——误差总和，$[\Delta] = \Delta_1 + \Delta_2 + \cdots + \Delta_n$。

利用偶然误差的第四个特性，增加观测次数，取其平均值可以减弱偶然误差的影响。

在测量中有时存在读错数、记错数等情况，由此产生的错误称为"粗差"。粗差是不应出现的，应当避免。

三、衡量观测值精度的标准

为了对比观测结果的优劣，通常用中误差、相对误差和容许误差来衡量。

（一）中误差

在测量工作中，通常是以各个真误差的平方和的平均值再开方作为每一组观测值的精度标准，称为"中误差"或"均方根误差"，即：

$$m = \pm \sqrt{\frac{\Delta_1^2 + \Delta_2^2 + \cdots + \Delta_n^2}{n}} = \pm \sqrt{\frac{[\Delta\Delta]}{n}}$$

（1-13）

式中：$[\Delta\Delta]$——真误差的平方和，即：

$$[\Delta\Delta] = \Delta_1^2 + \Delta_2^2 + \cdots + \Delta_n^2$$

（1-14）

从式（1-13）中可以看出：如果测量误差大，中误差就大；测量误差小，中误差就小。一般说来，中误差大精度就低，中误差小精度就高。

（二）相对误差

在距离丈量中，只依据中误差并不能完全说明测量的精度，必须引入相对误差的概念。相对误差是距离丈量的中误差与该段距离之比，且化为分子是 1 的形式，用 $\frac{1}{M}$ 表示。分母值 M 越大，则说明这段距离的丈量精度越高。

（三）容许误差

偶然误差特性的第一条指出，在相同观测条件下，偶然误差的值不会超过一定的限度。为了保证测量成果的正确可靠，就必须对观测值的误差进行一定的限制。某一观测值的误差超过一定的限度，就认为是超限，其成果应舍去，这个限度值就是容许误差。

对大量的同精度观测进行分析研究以及统计计算可以得出如下结论：在一组同精度观测的偶然误差中，误差的绝对值超过 2 倍中误差的机会为 5%；误差的绝对值超过 3 倍中误差的机会仅为 0.3%。所以，在实际测量中，会规定偶然误差的限差为 2 倍中误差，也有人将 3 倍的中误差作为容许误差，即：

$$\Delta_{容许} = 2m$$

（1-15）

或

$$\Delta_{容许} = 3m$$

（1-16）

在观测值中如果出现了大于容许误差的偶然误差，则认为该观测值不可靠，应舍去不用，并重测。

四、测量平差计算及精度评定

（一）进行测量平差的原因

在测量中，为了发现粗差并削弱偶然误差的影响，通常进行重复观测，使得观测值的数量多于必要量的观测量，形成多余观测。由于测量误差的存在，多个观测量往往不会相同，或者观测量不会满足理论值。比如，对同一条边观测两次，其结果不等；测量同一个三角形三个内角，其和不等 180°。这样就产生了"观测数据矛盾"，到底选用哪一个观测值呢？为了消除这些矛盾，就必须依据一定的数据处理原则，采用适当的计算方法对有矛盾的观测值加以必要而合理的调整，求得观测量的最佳估值。这一数据处理过程称为"测量平差"，平差结果即为平差值。根据误差理论，当观测次数无限增加趋于无穷大时，平差值就趋于真值，改正数的数值也就趋于真误差（但符号相反）。而在观测次数有限时，认为平差值是最可靠的结果，被称为"最或然值"（或"最或是值"）。

对某一未知量进行多次观测，每次观测值互有差异。这些观测值称为"直接观测值"，对直接观测值进行平差称为"直接观测平差"。

（二）等精度观测和不等精度观测的定义

在相同观测条件下进行的观测是"等精度观测"。等精度观测得到的观测值称为"等精度观测值"。

如果使用的仪器精度不同，或者观测方法不同，或外界条件差别大，观测条件就不同，所获得的观测值称为"不等精度观测值"。

（三）等精度观测平差值计算及测量精度评定

设对某量进行了 n 次等精度观测，观测值分别为 l_1，l_2，$\cdots$，l_n，则该量的平差值即为观测值的算术平均值：

$$\bar{l} = \frac{l_1 + l_2 + \cdots + l_n}{n} = \frac{[l]}{n}$$

（1-17）

平差值与观测值之差被称为"改正数"，记为 v_i，即：

$$v_i = \bar{l} - l_i，(i = 1，2，\cdots，n)$$

（1-18）

由于在测量中真值在通常情况下是不知道的，而是使用平差值作为最终的测量成果，所以在计算中误差时，采用观测值的改正数 v 代替观测值的真误差 $\triangle$。在此情况下，观测值中误差用下式计算（在此不做推导）：

$$m = \pm \sqrt{\frac{[vv]}{n-1}}$$

（1-19）

将上式与式（1-13）比较不难发现，式中 $[vv]$ 取代了 $[\Delta\Delta]$，n 换成了 $n-1$。

除了计算观测值中误差对观测值进行精度评定外，还需要对平差值进行精度评定。公式如下：

$$m_l = \pm \frac{m}{\sqrt{n}} = \pm \sqrt{\frac{[vv]}{n(n-1)}}$$

(1-20)

（四）不等精度观测平差值计算及测量精度评定

如果对某未知量的各次观测不是等精度观测，各观测值的中误差就不相同。例如，同一条边长用两种不同精度的仪器来测量，精度高的仪器所测量的结果人们的认可程度较高，因而在计算平差值时希望高精度观测值起到更大作用。那么如何确定精度高的仪器所占比例呢？为此需要引入权，通过权来确定观测值在平差值中所占的份额，也就是通过权来确定观测值对平差值的影响程度。观测值精度愈高其权愈大。

1. 权的定义

由于观测值精度愈高，其中误差愈小，权愈大，为此我们可以根据中误差来定义权。

设 n 个不等精度观测值的中误差分别为 m_1，m_2，$\cdots$，m_n，则权可以定义如下：

$$p_1 = \frac{m_0^2}{m_1^2}, \quad p_2 = \frac{m_0^2}{m_2^2}, \quad \cdots, \quad p_n = \frac{m_0^2}{m_n^2}$$

(1-21)

式中：m_0——单位权中误差，即权为 1 的观测值所对应的中误差。

权对一组观测值而言是相对的，由式（1-21）可以看出，如果某一观测值的权定下来，其他观测值的权也就跟着定了。如果假定 $m_0 = 1$，则：

$$p_1 = \frac{1}{m_1^2}, \quad p_2 = \frac{1}{m_2^2}, \quad \cdots, \quad p_n = \frac{1}{m_n^2}$$

(1-22)

2. 加权平均值的计算

如果对某一未知量进行 n 次不等精度观测，观测值为 l_1，l_2，$\cdots$，l_n，其相应的权为 p_1，p_2，$\cdots$，p_n，，则加权平均值 $\bar{l}$ 为：

$$\bar{l} = \frac{p_1 l_1 + p_2 l_2 + \cdots + p_n l_n}{p_1 + p_2 + \cdots + p_n} = \frac{[pl]}{[p]}$$

(1-23)

将加权平均值作为不等精度观测时的平差值。平差值与观测值之差，即改正数为：

$$v_i = \bar{l} - l_i \ (i = 1, \ 2, \ \cdots, \ n)$$

(1-24)

不等精度观测值与平差值的精度评定必须考虑权的影响，计算公式如下：

单位权中误差：

$$m_0 = \pm \sqrt{\frac{[pvv]}{n-1}}$$

$$(1-25)$$

平差值中误差：

$$m_i = \pm \frac{m_0}{\sqrt{[p]}}$$

$$(1-26)$$

第四节 工程测量的发展展望

一、多传感器集成技术

多传感器集成系统的人工智能化程度将加速进步，影像、图形与数据的处理能力显著增强；集成 GNSS 接收机、电子全站仪、激光跟踪仪、摄影测量系统等传感器的混合测量系统将快速发展并广泛应用于无控制网的各种测量和定位工作、仪器的动态检校和设备在线检测等，工程测量除了获取几何与影像信息外，还将利用无线传感器网络体积小、功耗低以及自组网等特点，同步获取各种工程结构的温度、压力、应力等多种物理信息。

二、合成孔径雷达干涉测量技术

合成孔径雷达干涉测量（Interferometric Synthetic Aperture Radar，InSAR）结合了合成孔径雷达成像技术和干涉测量技术，在监测地震变形、火山地表移动、冰川漂移、山体滑坡、地面沉降等方面具有明显优势，在大型工程如高铁线路沉降中逐渐开始应用。地基雷达干涉测量系统（IBIS）采用了步进频率连续波、合成孔径雷达及差分相位干涉测量等技术，测量精度最高可达到 0.01mm，可以在地面采用单站和轨道进行测量，必将成为工程测量中的一种全新测量技术，可实现对大坝、滑坡、桥梁、高层建筑、矿山等工程和自然结构的微小变形进行全天候连续监测。

利用地基合成孔径雷达干涉测量技术来监测大坝、滑坡和桥梁变形时，当自然散射体缺失的时候，可布设具有雷达可视特性的角反射器（Corner Reflectors）或紧凑有源转发器（Compact Active Transponders，CATs），由于地基合成孔径雷达干涉测量的高精度主要体现在相对位移方面，不能满足高精度绝对定位的需要，因此，可将其与 GNSS 技术进行集成，实现与 GNSS 绝对定位精度的互补。目前欧盟多个研究机构也正在开展 Integrated Interferometry and GNSS for Precision Survey（简称 FGPS）项目研究，其目的是通过集成 GNSS 接收机天线和 CAT 天线来获取毫米级的协同配准精度。FGPS 技术的研究成果在工程测量应用上可产生新的突破。

三、三维测量技术

三维测量技术主要指在测定空间目标的三维坐标、几何形状、空间位置和姿态的同时，对目标进行三维重建并在计算机上真实再现的技术。随着大型复杂构筑物及工业设备的三维测量、几何重构和质量检验的要求越来越高，促使三维测量技术的理论研究、软件研制、标准制定、2+1 维测量到真三维测量的转换等得到进一步发展，对空间目标的测量、管理、存储、传输和表达方法的研究也成为今后的研究热点。三维测量数据处理中高密度三维点云数据处理、被测目标三维重建、可视化分析、逆向工程及实体模型构建、测量数据及各种数据库的无缝衔接等将成为其主要研究内容。

四、地下工程测量技术

地下工程如地铁、输水（气、油）管道、地下管网、地下管廊、跨江（海）隧道等工程越来越多，如何合理规划和利用地下空间，需要研究地下工程施工中的精确定位、定向，地下工程竣工后的快速空间信息获取的新技术与新方法以及建模等问题。地下管线是城市基础设施的重要组成部分，被誉为"城市生命线"。随着城市建设的快速发展，城市地下空间规划设计、建设、管理、运营和维护以及城市应急管理都需要现势、准确、完整的地下空间信息，日益受到城市各级政府部门的重视。目前变频式调相地质雷达、智能管道机器人、地下空间信息采集机器人、地下空间设施的快速信息获取、快速建模与信息化管理成为工程测量的重要研究方向。

五、海洋工程测量技术

随着国家提出建设海洋强国战略，对海洋资源的开发和利用以及维护国家主权的需要，对海洋测绘提出了更高的要求，在海洋开展的工程建设逐渐增多，需要开展海洋地形图测绘、海底工程施工测量和竣工测量与运行监测，无验潮模式下的多波束精密测深技术、多形态海床特征下多波束和侧扫声呐图像配准和信息融合的技术、基于地貌图像的海床微地形自动生成技术，可以获取高精度和高分辨率的海床地形地貌，为海洋工程建设提供基础资料，水下声学定位系统、水下传感器网络、水下遥感测绘系统、激光水下定位等技术为海洋工程建设提供了精确定位的可能，保证海洋工程测量的顺利开展和在工程运营中的监测需求。

六、无人机测量技术

无人机技术以无人机为飞行平台，以数字传感器为任务载荷，以获取高分辨率遥感影像为目标，它的出现弥补了传统测量的不足，日益成为一项新兴的重要测绘手段。

由于大部分的测绘型无人机属于低空飞行器，故而不会受到云层的影响；由于无人机普遍体积较小，要求的作业人员也较少，所以测绘时可以随时转场，机动性得以保障；无人机对复杂的野外测绘环境有很好的适应力，可以进入传统的测绘手段无法覆盖的区域；同时也能大大地节省人力物力，可以为地形图的绘制或者 DEM 的建立等需求提供数据保障。

我们国家正处在基础设施建设的高峰期，各种大型、特大型工程建设对工程测量提出了新的要求，对我国的工程测量工作者来说，既是挑战，也是机遇；各种新技术的出现为工程测量工作者提供了解决问题的新的手段，使得工程测量成为新技术应用的践行者，从而推动工程测量学科的服务领域和服务水平。

第二章 工程测绘技术

第一节 水准测量

一、水准测量原理

(一) 水准测量

水准测量的原理就是利用水准仪提供的水平视线，读取竖立于两点上水准尺的读数，以测定两点间的高差，从而由已知点高程计算待定点高程。

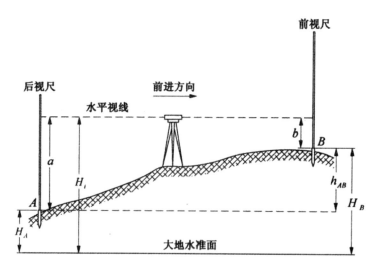

图 2-1　水准测量的原理

如图 2-1 所示，为了求出 A、B 两点的高差 h_{AB}，在 A、B 两点上竖立带有分划的标尺——水准尺，在 A、B 两点之间安置可提供水平视线的仪器——水准仪。当视线水平时，在 A、B 两点的标尺上分别读得读数 a 和 b，则 A、B 两点的高差等于两个标尺读数之差。即：

$$h_{AB} = a - b$$

$$(2-1)$$

读数 a 是在已知高程点上的水准尺读数，称为"后视读数"；b 是在待求高程点上的水准尺读数，称为"前视读数"。高差必须是后视读数减去前视读数。高差 h_{AB} 的值可能是正，也可能是负，正值表示待求点 B 高于已知点 A，负值表示待求点 B 低于已知点 A。此外，高差的正负号又与测量进行的方向有关，例如图 2-1，测量由 A 向 B 进行，高差用 h_{AB} 表示，其值为正；反之由 B 向 A 进行，则高差用 h_{BA} 表示，其值为负。所以，说明高差时必须标明高差的正负号，同时要说明测量进行的方向。

如果 A 为已知高程的点，B 为待求高程的点，则 B 点的高程为：

$$H_B = H_A + h_{AB} = H_A + (a - b)$$

$$(2-2)$$

B 点的高程也可以用水准仪的视线高程 H_i（仪器高程）计算，即：

$$\left. \begin{aligned} H_i &= H_A + a \\ H_B &= H_i - b \end{aligned} \right\}$$

$$(2-3)$$

一般情况下，式（2-2）是直接利用高差 h_{AB} 计算 B 点高程的，称为高差法；式（2-3）是利用仪器视高 H_i 计算 B 点高程的，称为视线高法。当安置一次水准仪需要测定若干前视点的高程时，视线高法比高差法方便。

（二）连续水准测量

如图 2-2 所示，欲求 A 点和 B 点的高差 h_{AB}，由于两点相距较远或高差太大时，则可分段连续进行，需要在 A、B 两点之间选择若干个临时立尺点，这些点起传递高程的作用，称为转点，用 TP_1，TP_2，…，TP_n 表示。转点把路线全长分成若干个小段，依次测定相邻点间的高差，再将各段高差求和，就可以获得 A、B 之间的高差。

观测步骤如下：

一是先在 A、TP_1 之间安置仪器，分别在 A、TP_1 点上立尺，读取 A 点上的后视读数 a_1，TP_1 点上的前视读数 b_1，并计算 A、TP_1 间的高差，即完成了一个测站的工作。

二是将水准仪搬至 TP_1 与 TP_2 之间，A 点的水准尺搬至 TP_2 点，TP_1 点上的水准尺保持不动，再分别读取出 TP_1 与 TP_2 点的尺上读数 a_2，b_2，同样可求得 TP_1 与 TP_2 之间的高差。

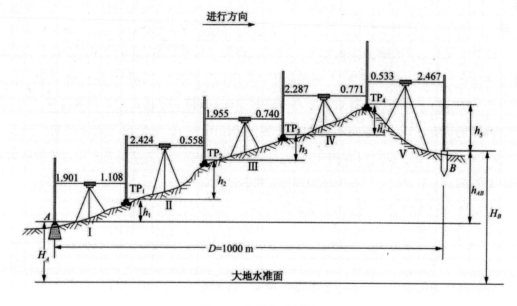

图 2-2 连续水准测量

三是依次顺序一直测到 B 点。

若完成 n 个测站的观测，可分别求得各站的高差，即：

$$
\left.
\begin{aligned}
h_{A1} &= h_1 = a_1 - b_1 \\
h_{12} &= h_2 = a_2 - b_2 \\
&\cdots \\
h_{(n-1)B} &= h_n = a_n - b_n
\end{aligned}
\right\}
$$

$$(2-4)$$

则 A、B 之间的高差为：

$$h_{AB} = h_1 + h_2 + \cdots + h_n = \sum_{i=1}^{n} a_i - \sum_{i=1}^{n} b_i$$

$$(2-5)$$

若已知 A 点的高程为 H_A，则 B 点的高程为：

$$H_B = H_A + h_{AB}$$

$$(2-6)$$

二、水准测量仪器和工具

水准仪是进行水准测量的主要仪器，它可以提供水准测量所必需的水平视线。目前通用的水准仪从构造上可分为两大类：一类是利用水准管来获得水平视线的水准管水准仪，其主要形式称"微倾式水准仪"；另一类是利用补偿器来获得水平视线的"自动安平水准仪"。此外，尚有一种新型水准仪——电子水准仪，它配合条纹编码尺，利用数字化图像处理的方法，可自动显示高程和距离，使水准测量实现自动化。

我国的水准仪系列标准分为 DS05、DS1、DS3 和 DS20 四个等级。D 是大地测量仪器的代号，S 是水准仪的代号，均取大和水两个字汉语拼音的首字母。角码的数字表示仪器的精度。其中 DS05 和 DS1 用于精密水准测量，DS3 用于一般水准测量，DS20 则用于简易水准测量。

水准测量所使用的仪器为水准仪，与其配套的工具为水准尺和尺垫。

三、水准仪的使用

（一）一般水准仪的使用

水准测量时，如使用微倾式水准仪，则其基本操作步骤包括水准仪的安置、粗略整平、瞄准水准尺、精平和读数。

1. 安置水准仪

打开三脚架并使高度适中，用目估的方法使架头大致水平，稳固地架设在地面上。然后打开仪器箱取出仪器，用连接螺旋将水准仪固连在三脚架头上。

2. 粗略整平

粗平是利用圆水准器使气泡居中，使仪器竖轴大致铅垂，从而使视准轴粗略水平。

注意：整平时气泡移动的方向与左手大拇指转动的方向一致。

3. 瞄准水准尺

瞄准前，先将望远镜对向明亮的背景，转动目镜对光螺旋，使十字丝清晰。再用望远镜筒上的缺口和准星瞄准水准尺，拧紧制动螺旋。然后从望远镜中观察，若物像不清楚，则转动物镜对光螺旋进行对光，使目标影像清晰。当眼睛在目镜端上下微微移动时，若发现十字丝与目标影像有相对运动，说明存在视差现象。产生视差的原因是目标成像的平面与十字丝平面不重合。由于视差的存在会影响正确读数，故应加以消除。消除的方法是交替调节目镜和物镜的对光螺旋仔细对光，直到眼睛上下移动，读数不变为止。

4. 精平与读数

精平是转动微倾螺旋使水准管气泡居中，亦即使水准仪的视准轴精密水平。如果用符合水准器，则可通过目镜左方符合气泡观察窗观察气泡影像，右手旋转微倾螺旋，使气泡两端的像吻合。此时可用十字丝的中丝在尺上读数。读数时应自小向大进行，先估读出毫米数，然后读出全部读数。

精平和读数虽是两项不同的操作步骤，但在水准测量施测过程中却把这两项操作视为一个整体，即精平后再读数，读数后还须检查水准管气泡影像是否完全符合。只有这样，才能保证读出的读数是视线水平时的读数。

（二）精密水准仪的使用

精密水准仪的使用方法与一般水准仪基本相同，其操作同样分为四个步骤，即粗略整平、瞄准标尺、精确整平和读数。不同之处是须用光学测微器测出不足一个分划的数值，即在仪器精确整平（旋转微倾螺旋，使目镜视场场左面符合水准气泡的两个半像吻合）后，十字丝横丝往往不恰好对准水准尺上某一整分划线，此时需要转动测微轮使视线上、下平移，让十字丝的楔形正好夹住一条（仅能夹住一条）整分划线。

（三）自动安平水准仪的使用

自动安平水准仪的使用与一般水准仪的不同之处为不需要"精平"这项操作。这种水准仪的圆水准器的灵敏度为 $8' \sim 10'/2$ mm，其补偿器的作用范围约为 $\pm 15'$，因此，整平圆水准器气泡后，补偿器能自动将视线导至水平，即可对水准尺进行读数。

四、水准测量的实施与数据处理

（一）水准测量的外业

1. 水准点

水准测量通常是从水准点开始，引测其他点的高程。水准点是国家测绘部门为了统一全国的高程系统和满足各种需要，在全国各地埋设且测定了其高程的固定点，这些已知高程的固定点称为水准点（Bench Mark），简记为 BM。水准点有永久性和临时性两种。国家等级水准点一般用整块的坚硬石料或混凝土制成，深埋到地面冻结线以下，在标石顶面设有用不锈钢或其他不易锈蚀的材料制成的半球状标志。有些水准点也可设置在稳定的墙脚上，称为墙上水准点。

在地形测量或建筑工程的施工中，常采用临时性水准点。可用道钉或木桩打入地面，也可在地表突出的坚硬岩石或房屋四周水泥面上用红油漆作为标志。

无论是永久性水准点，还是临时性水准点，均应埋设在便于引测和寻找的地方。埋设水准点后，应绘出水准点附近的草图，在图上还要写明水准点的编号和高程，称为点之记，便于日后寻找和使用。

2. 水准路线

在水准测量中，通常沿某一水准路线进行施测。进行水准测量的路线称为水准路线。

根据测区实际情况和需要，可布置成单一水准路线和水准网。

（1）单一水准路线

单一水准路线又分为附合水准路线、闭合水准路线和支水准路线。

①附合水准路线。附合水准路线是从已知高程的水准点 BM1 出发，测定 1、2、3 等待定点的高程，最后附合到另一已知水准点 BM2 上。

②闭合水准路线。闭合水准路线是由已知高程的水准点 BM1 出发，沿环线进行水准测量，以测定出 1、2、3 等待定点的高程，最后回到原水准点 BM1 上。

③支水准路线。支水准路线是从一已知高程的水准点 BM5 出发，既不附合到其他水准点上，也不自行闭合。

（2）水准网

若干条单一水准路线相互连接称为水准网。

①附合水准网。从多个已知高程的水准点出发，由若干条单一水准路线相互连接而构成的网状图形。

②独立水准网。从一个已知高程的水准点出发，由若干条单一水准路线相互连接而构成的网状图形。

水准网中单一水准路线相互连接的点称为结点。

3. 等外水准测量的检核

（1）计算检核

由式（2-5）可知 B 点对 A 点的高差等于各转点之间高差的代数和，也等于后视读数之和减去前视读数之和，故此式可作为计算的检核。

计算检核只能检查计算是否正确，并不能检核观测和记录的错误。

（2）测站检核

如上所述点的高程是根据 A 点的已知高程和转点之间的高差计算出来的。其中若测错或记错任何一个高差，测 B 点高程就不正确。因此，对每一站的高差均须进行检核，这种检核称为测站检核，测站检核常采用变动仪器高法或双面尺法。

①变动仪器高法。此法是在同一个测站上变换仪器高度（一般将仪器升高或降低 0.1 m左右）进行测量，用测得的两次高差进行检核。如果两次测得的高差不超过容许值（例如，等外水准容许值为 6 mm），则取其平均值作为最后结果，否则须重测。

②双面尺法。这种方法是使此仪器高度不变，而用水准尺的黑红面两次测量高差进行检核，两次高差的容许值和变动仪器高法相同。

（3）成果检核

测站检核只能检核一个测站上是否存在错误或误差超限。对于整条水准路线来讲，还不足以说明所求水准点的高程精度符合要求。例如，由于温度、风力、大气折光及立尺点变动等外界条件引起的误差和尺子倾斜、估读误差及水准仪本身的误差等，虽然在一个测站上反映不很明显，但整条水准路线累积的结果将可能超过容许的限差。因此，还须进行整条水准路线的成果检核。成果检核的方法随着水准路线布设形式的不同而不同。

（二）水准测量的内业

水准测量外业结束之后即可进行内业计算，计算之前应首先重新复查外业手簿中各项观测数据是否符合要求，高差计算是否正确。水准测量内业计算的目的是调整整条水准路线的高差闭合差及计算各待定点的高程。

当实测高差闭合差小于容许值时，表示观测成果满足要求，可以把闭合差分配到各测段的高差上。水准测量误差与水准路线长度或测站数成正比，因此，闭合差的分配原则是把闭合差以相反的符号、与各测段路线的长度或测站数成正比分配到各测段的高差上。各测段高差的改正数为：

$$v_i = -\frac{f_h}{\sum L} \cdot L_i$$

（2-7）

或

$$v_i = -\frac{f_h}{\sum n} \cdot n_i$$

（2-8）

式中，L_i 和 n_i 分别为第 i 测段路线长度或测站数；$\sum L$ 和 $\sum n$ 分别为水准路线总长度或测站总数。

（三）水准测量注意事项

一是观测前应认真按要求检验和校正水准仪和水准。

二是三脚架应架设在平坦、坚固的地面上，架设高度应适中，架头应大致水平，架腿制动螺旋应旋紧，整个三角架应稳定。

三是安放仪器时应将仪器连接螺旋旋紧，防止仪器脱落。

四是水准仪观测前、后视水准仪的视距尽可能相等，每次读数前必须注意消除视差，习惯用瞄准器寻找和瞄准，操作时细心认真，做到"人不离开仪器"。

五是立尺时应双手扶尺，以使水准尺保持竖直，并注意保持尺上圆气泡居中。

六是读数时不要忘记精平，读数应迅速、准确，特别应认真估读毫米数。

七是做到边观测、边记录、边计算，记录时使用铅笔。字体要端正、清楚，不准连环涂改，不准用橡皮擦改，如按规定可以改正时，应在原数字上画线后再在上方重写。

八是每站应当场计算，检查符合要求后才能搬站。搬站时先检查仪器连接螺旋是否旋紧，一手扶托仪器，一手握住三角架稳步前进。

九是搬站时，应注意保护好原视点尺垫位置不被碰动。

十是发现异常问题应及时向相关的工作人员汇报，不得自行处理。

第二节 角度测量

一、角度测量原理

（一）水平角观测原理

如图 2-3 所示，设 A、B、C 为地面上任意三点，将三点沿铅垂线方向投影到水平面 H 上，得到相应的三个投影点 A'、B'、C'，则水平线 $B'A'$ 与 $B'C'$ 的夹角 β 即为地面与 BC 两方向线间的水平角。由此可见，地面上任意两直线间的水平角度为通过该两条直线所作的铅垂面间的二面角（或者说，任意两条直线间的水平角就是该两条直线在水平面上投影的夹角）。

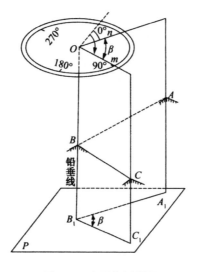

图 2-3 水平角测量原理

为了测定水平角值，可在角顶的铅垂线上安置一架全站仪，仪器必须有一个能水平放置的刻度圆盘水平度盘，度盘上有顺时针方向的0°~360°的刻度，度盘的中心能放置在 B 点的铅垂线上。另外，全站仪还必须有一个能瞄准远方目标的望远镜，望远镜不但可以在水平面内转动，还能在铅垂面内旋转。通过望远镜分别瞄准高低不同的目标 A 和 C，其在水平度盘上相应的读数为 a 和 c，则水平角 β 即为两个读数之差，即 β =c-a。

（二）竖直角观测原理

竖直角是同一竖直面内视线与水平线的夹角（又称垂直角），其角值为0°~±90°。视线与向上的铅垂线的夹角称为天顶距 Z，角值为0°~180°。

目标视线在水平线以上的竖直角称为仰角，角值为正；目标视线在水平线以下的称为俯角，角值为负，如图2-4所示，为了测定竖直角，全站仪还必须在铅垂面内装有一个刻度盘——垂直度盘（简称竖盘）。

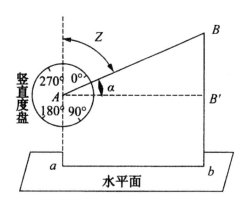

图2-4 竖直角测量原理

竖直角与水平角一样，其角值也是度盘上两个方向读数之差。不同的是竖直角的两个方向中必有一个是水平方向。任何类型的全站仪，制作上都要求在视线水平的竖盘读数应为某一固定值（0°、90°、180°、270°四个值中的一个）。因此，在观测竖直角时，只要观测目标点一个方向并读取竖直度盘读数便可算得该目标点的竖直角，而不必观测水平方向。

二、经纬仪的使用

光学经纬仪的使用包括对中、整平、瞄准、读数，具体操作方法如下。

（一）对中

对中的目的是把仪器的纵轴安置到测站的铅垂线上，具体的做法是：按观测者的身高调整好三脚架架腿的长度（一般取三脚架架腿伸开并在一起时架头的高度在操作者肩膀和下颚之间），张开三脚架使三个脚尖的着地点大致与测站点等距离，使三脚架架头大致水平。从箱中取出经纬仪，放到三脚架架头上，一手握住经纬仪支架，一手将三脚架上的连接螺旋旋入基座底板。对中可用垂球或光学对中器。

1. 用垂球对中

把垂球挂在连接螺旋中心的挂钩上，调整垂球线的长度，使垂球尖离地面点的高度 2~3 mm。如果偏差较大，可平移三脚架使垂球尖大约对准地面点，将三脚架的脚尖踩入土中（硬性地面要用力踩一下），使三脚架稳定。当垂球尖与地面点偏差不大时，可稍旋松连接螺旋，在三脚架架头上移动仪器，使垂球尖准确对准测站点，再将连接螺旋转紧。用垂球对中的误差一般应小于 3 mm。

2. 用光学对中器对中（简称光学对中）

光学对中器是装在照准部上的一个小望远镜，光路中装有直角棱镜，使通过仪器纵轴中心的光轴由铅垂方向折射成水平方向，便于观察对中情况。光学对中的步骤如下：

①使三脚架架头大致水平，目估初步对中。

②转动光学对中器目镜调焦螺旋，使对中标志（小圆圈或十字）清晰；转动物镜调焦螺旋（某些仪器为伸缩目镜），使地面清晰。

③旋转脚螺旋使地面点的像位于对中标志中心，此时基座上的圆水准气泡已经不居中。

④伸缩三脚架的相应架腿使圆水准气泡居中，再旋转脚螺旋使水准管在相互垂直的两个方向气泡都居中。

⑤从光学对中器中检查与地面点的对中情况，可略微松动连接螺旋做微小的平移，使对中误差小于 1 mm（如果需要做连续的平移，两次平移的方向必须互相平行或者垂直，否则就会破坏整平）。

（二）整平

整平的目的是使经纬仪的竖轴竖直、水平度盘水平，从而使横轴水平、竖直度盘位于铅垂面内。

整平工作是利用基座上的三个脚螺旋，使照准部水准管在互相垂直的两个方向上气泡都居中。整平的具体做法如下：

一是先松开水平制动螺旋，转动照准部水准管使水准管大致平行于任意两个脚螺旋，两手同时向内或向外转动脚螺旋使气泡居中。注意气泡移动方向与左手大拇指移动方向一致。

二是将照准部水准管旋转 90°，旋转另外一个脚螺旋，使气泡居中。

三是重新使水准管回到一的位置，检查水准管气泡是否居中；如果不居中，则按上述步骤重复进行，直至照准部水准管转至任意位置气泡皆居中为止。

如果水准管位置正确，仪器整平后，照准部水准管转至任何位置水准管气泡总是居中（允许偏差值为一格），则仪器的竖轴竖直、水平度盘水平。

（三）瞄准

经纬仪安置好后，用望远镜瞄准目标，首先将望远镜照准远处，调节对光螺旋使十字丝清晰；然后旋松望远镜和照准部制动螺旋，用望远镜的光学瞄准器照准目标。转动物镜对光螺旋使目标影像清晰，而后旋紧望远镜和照准部的制动螺旋。通过旋转望远镜和照准部的微动螺旋使十字丝交点对准目标，并观察有无视差；如有视差，应重新对光，予以消除。

（四）读数

打开读数反光镜，调节视场亮度，转动读数显微镜对光螺旋，使读数窗影像清晰可见。读数时，除分微尺型直接读数外，凡在支架上装有测微手轮的，均须先转动测微手轮，使双指标线或对径分划线重合后方能读数，最后将度盘读数加分微尺读数或测微尺读数，才是整个读数值。

三、水平角观测

水平角的观测方法，一般根据测量工作要求的精度、使用的仪器、观测目标的多少而定。常用的水平角观测方法有测回法和方向观测法两种。

（一）测回法

测回主要是用于单角观测（观测两个方向之间的单角）。如图 2-5 所示，B 点为测站点，需要观测出 BA、BC 两个方向线之间的水平角在 B 点安置经纬仪，A、C 设立观测标志后，按下列步骤进行观测：

图 2-5　水平角观测

一是置望远镜于盘左位置（竖盘在望远镜的左边称盘左，又称正镜），精确瞄准左目标 C，读取读数 $c_左$。

二是松开照准部制动螺旋，顺时针旋转望远镜瞄准右目标 A，读取读数 $a_左$。这样完成了盘左半个测回的观测，又称上半测回。

上半测回的角值为：

$$\beta_左 = a_左 - c_左$$

（2-9）

三是倒转望远镜置于盘右位置（竖盘在望远镜的右边，又称倒镜），精确瞄准目标 A，读取读数 $a_右$。

四是松开照准部制动螺旋，逆时针旋转望远镜精确瞄准目标 C，读取读数 $c_右$，这样就完成了盘右半测回的观测（又称下半测回）。

下半测回的角值为：

$$\beta_右 = a_右 - c_右$$

（2-10）

用盘左、盘右两个盘位观测水平角，可以抵消仪器误差对测角的影响，同时还可以作为观测有无错误的检核。对于 DJ6 型光学经纬仪，如果上、下半测回角度值（$\beta_左$ 和 $\beta_右$）的差数不大于 $40''$，则取盘左、盘右角值的平均值作为一测回的观测结果：

$$\beta = \frac{1}{2}(\beta_左 + \beta_右)$$

（2-11）

当测角精度要求较高时，往往要观测几个测回，为了减少度盘分划误差的影响，各测回间应根据测回数 n，按 $180°/n$ 变换水平度盘位置。例如，需要观测三个测回，则第一测

· 35 ·

回的起始方向读数可安置在0°附近略大于0°处（用度盘变换轮或复测扳钮调节），第二测回起始方向读数应安置在略大于180°/3＝60°处，第三测回则安置在略大于120°位置。

（二）方向观测法（全圆方向法）

在导线测量中进行水平角观测时，在一个测站上往往需要观测两个或两个以上的角度，此时，可采用方向观测法观测水平方向值，两个相邻方向的方向值之差即为该两个方向间的水平角值。

如果观测的方向数超过三个，则依次对每个目标观测水平方向值后，还应继续向前转到第一个目标进行第二次观测，这个过程称为"归零"。此时的方向观测法因为整整旋转了一个圆周，所以又称全圆方向法。

如图2-6所示，设在C点上需要观测A、B、D、E四个目标的水平方向值，用全圆方向法观测水平方向的步骤和方法如下：

一是安置经纬仪于C点，先选定起始零方向A（起始零方向的选择要求目标明亮，成像清晰、稳定），置望远镜于盘左位置，瞄准起始零方向目标A，读取水平度盘读数a_1。

二是顺时针方向转动照准部，依次瞄准B、D、E，得相应的水平度盘读数b_1、d_1、e_1。

三是为了校核，继续顺时针旋转照准部，再次瞄准起始目标A，并读取水平度盘读数a'_1，此次观测称为"归零观测"；读数a_1与a'_1之差的绝对值称为"半测回归零差"。对于DJ6型光学经纬仪，半测回归零差允许值为18″。如在允许范围之内，则$a_1a'_1$和的平均值作为起始零方向的方向值；如果超限则须重新观测。

四是倒转望远镜成盘右位置。逆时针依次瞄准目标A、E、D、B，得相应读数a_2、e_2、d_2、b_2。

五是逆时针继续旋转望远镜，再次瞄准目标A得读数a'_2，a_2与a'_2之差为盘右半测回的归零差，其限差同盘左，若在允许范围之内，则取其平均值作为A方向的盘右读数。

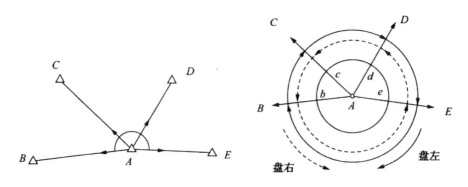

图2-6　全圆方向法观测水平角

如果在一个测站上的水平方向需要观测 n 个测回，则各测回间必须将水平度盘的位置按照 $180°/n$ 进行变换。例如要观测两个测回，则每个测回起始零方向的水平度盘读数应分别在 $0°$ 和 $90°$ 附近；观测三个测回时，则分别在 $0°$、$60°$、$90°$ 附近。

四、垂直角观测

（一）垂直角公式的建立

垂直度盘注记形式不同，则根据垂直度盘读数计算垂直角的公式也不同。图 2-7 所示为常见的天顶式顺时针注记。盘左时，视线水平的垂直度盘读数为 $L_0 = 90°$；盘右时，视线水平的垂直度盘读数为 $R_0 = 270°$。

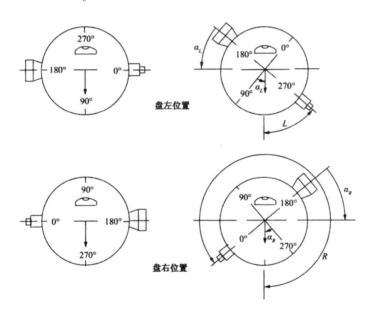

图 2-7　顺时针注记垂直度盘

当望远镜向上（或者向下）瞄准目标时，垂直度盘也随之一起转动了同样的角度，因此，瞄准目标时的垂直度盘读数与视线水平时的垂直度盘读数之差就是所求的垂直角。

设盘左的垂直角为 $\delta_{左}$，瞄准目标时的竖盘读数为 L；盘右的垂直角为 $\delta_{右}$，瞄准目标时的竖盘读数为 R，则垂直角的计算公式为：

$$\begin{cases} \delta_{左} = 90° - L = \delta_L \\ \delta_{右} = R - 270° = \delta_R \end{cases}$$

$$(2-12)$$

由于存在测量误差，所以通常情况下 δ_L 和 δ_R 不相等，取一测回的角值作为最终的结果。测回的角值为：

$$\delta = \frac{1}{2}(\delta_L + \delta_R)$$

$$(2-13)$$

同理，当竖盘刻画为天顶式逆时针注记时，垂直角的计算公式为：

$$\begin{cases} \delta_{左} = L - 90^\circ = \delta_L \\ \delta_{右} = 270^\circ - R = \delta_R \end{cases}$$

$$(2-14)$$

从上面的分析可以看出，竖盘的注记形式不同，垂直角的计算公式也不一样。所以在使用全站仪观测垂直角之前应先判断该全站仪的竖盘注记方式。其方法如下：安置好仪器并使望远镜上仰时，若竖盘读数小于 90°，则竖盘刻度为顺时针注记；若竖盘读数大于 90°，则竖盘刻度为逆时针注记。

（二）竖盘指标差

从以上介绍竖盘构造及垂直角计算公式中可知：理想情况下，望远镜的视线水平时，垂直角为零，竖盘读数应为 0° 或 90° 的整数倍。但是，竖盘水准管与竖盘读数指标的关系不正确，使视线水平时竖盘读数与应有读数（90° 的整数倍）有一个小的角度差 X，称为指标差。如图 2-8 所示，由于指标差 X 的存在，则垂直角的计算公式应改为：

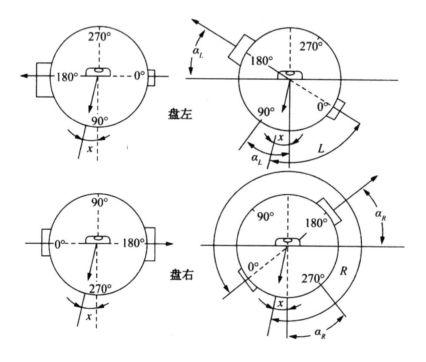

图 2-8　竖盘指标差

盘左时：

$$\delta = (90° + X) - L$$

$$(2-15)$$

盘右时：

$$\delta = R - (270° + X)$$

$$(2-16)$$

将式（2-12）的两个式子分别代入式（2-15）和式（2-16），得：

$$\delta = \delta_L + X$$

$$(2-17)$$

$$\delta = \delta_R - X$$

$$(2-18)$$

此时 δ_L 和 δ_R 已不再是正确的垂直角。

将式（2-17）和式（2-18）相加并除以2，得：

$$\delta = \frac{1}{2}(\delta_L + \delta_R)$$

$$(2-19)$$

此式与式（2-13）完全相同。可见在垂直角观测中，用正、倒镜观测取其平均值可以消除竖盘指标差的影响，从而提高观测质量。

将式（2-17）和式（2-18）两式相减，可得：

$$X = \frac{1}{2}(\delta_R - \delta_L)$$

$$(2-20)$$

对于顺时针的竖盘注记形式，将式（2-12）代入上式即得：

$$X = \frac{1}{2}(R + L - 360°)$$

$$(2-21)$$

指标差 X 可用来检查垂直角观测质量，同一个测站上观测不同目标时，指标差的变动范围：对于2″级全站仪来说不应超过20″。

（三）垂直角观测

垂直角观测前应看清竖盘的注记形式，先确定垂直角的计算公式。

垂直角观测时，要利用十字丝横丝切准目标的特定部位，如标杆的顶部或标尺上的某一明显部位。其具体观测方法如下：

一是仪器安置于测站点上，用钢卷尺量出仪器的高度（地面桩顶到望远镜旋转轴的高度）。

二是置望远镜于盘左位置，用十字丝横丝精确地切准目标的某一明显部位，调节竖盘指标水准管微动螺旋，使水准管气泡居中，读取竖盘读数 L，记入观测手簿。

三是旋转望远镜，置望远镜于盘右，再次瞄准该目标的同一明显部位。调节竖盘指标水准管气泡居中，读取竖盘读数 R，记入观测手簿。

四是计算垂直角。垂直角 δ 是水平起始读数与观测目标的读数之差。但哪个是减数，哪个是被减数，应按竖盘注记的形式来确定。为此，观测前必须建立适当的垂直角公式。

第三节　距离测量

一、量距工具

（一）钢尺

钢尺又称为"钢卷尺"，是钢制成的带状尺，尺的宽度为 10~15 mm，厚度约 0.4 mm，长度有 20 m，30 m，50 m 等数种。钢尺可以卷放在圆形的尺壳内，也可以卷放在金属尺架上。

钢尺的基本分划为厘米，每厘米及每米处刻有数字注记，全长都刻有毫米分划。按尺的零点刻画位置，钢尺可分为端点尺和刻线尺两种。钢尺的最外端作为尺子零点的称为"端点尺"，尺子零点位于钢尺内部的称为"刻线尺"。

（二）皮尺

皮尺是用麻线或加入金属丝织成的带状尺，长度有 20 m，30 m，50 m 等数种，亦可卷放在圆形的尺壳内。尺上基本分划为厘米，尺面每 10 厘米和整米有注字，尺端钢环的外端为尺子的零点。皮尺携带和使用都很方便，但是容易伸缩，量距精度比钢尺低，一般用于低精度的地形的细部测量和土方工程的施工放样等。

（三）花杆和测钎

花杆又称为"标杆"，是由直径为 3~4 cm 的圆木杆制成，杆上按 20 cm 间隔涂有红、白油漆，杆底部装有锥形铁脚，主要用来标点和定线，常用的有长 2 m，3 m 两种。另外，目前已生产出了用合金制成的花杆，每根长 1 m，端点可通过螺旋连接，携带非常方便。

测钎用粗铁丝做成，长为 30~40 cm，按每组 6 根或 11 根套在一个大环上。测钎主要用来标定尺段端点的位置和计算所丈量的尺段数。

在距离丈量的附属工具中还有垂球，它主要用于对点、标点和投点。

二、直线定线

当地面两点之间的距离大于钢尺的整尺长时，就需要在两点所确定的直线方向上标定若干中间点，并使这些中间点位于同一直线上，以便用钢尺分段丈量，这项工作称为"直线定线"。根据丈量的精度要求可用标杆目测定线和经纬仪定线。

（一）目测定线

1. 两点间通视时花杆目测定线

如图 2-9 所示，设 A，B 两点互相通视，要在 A，B 两点间的直线上标出 1，2 中间点。先在 A，B 点上竖立花杆，甲站在 A 点花杆后约 1 m 处，目测花杆的同侧，由 A 瞄向 B，构成一视线，并指挥乙在 1 附近左右移动花杆，直到甲从 A 点沿花杆的同一侧看到 A，1，B 三支花杆在同一条线上为止。同时可以定出直线上的其他点。两点间定线，一般应由远到近。定线时，所立花杆应竖直。此外，为了不挡住甲的视线，乙持花杆应站立在垂直于直线方向的一侧。

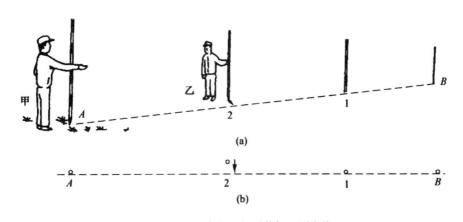

图 2-9　两点间通视时花杆目测定线

2. 两点间不通视时花杆目测定线

如图 2-10 所示，A，B 两点互不通视，这时可以采用逐渐趋近法定直线。先在 A，B 两点竖立花杆，甲、乙两人各持花杆分别站在 C_1 和 D_1 处，甲要站在可以看到 B 点处，乙要站在可以看到 A 点处。先由站在 C_1 处的甲指挥乙移动至 BC_1 直线上的 D_1 处，然后由站在 D_1 处的乙指挥甲移动至 AD_1 直线上的 C_2 处，接着再由站在 C_2 处的甲指挥乙移动至 D_2 处，这样逐渐趋近，直到 C，D，B 三点在同一直线上，同时 A，C，D 三点也在同一直线上，则说明 A，C，D，B 在同一直线上。

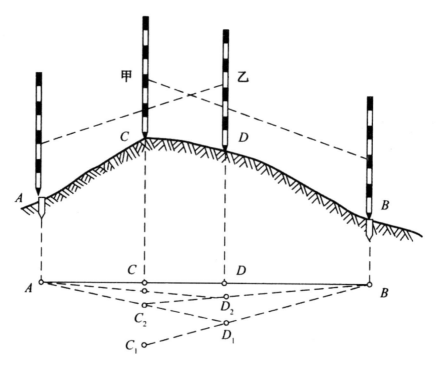

图 2-10　两点间不通视时花杆目测定线

（二）经纬仪定线

精确丈量时，为保证丈量的精度，须用经纬仪定线。

欲丈量直线 AB 的距离，在清除直线上的障碍物后，在 A 点上安置经纬仪对中、整平后，先照准 B 点处的花杆（或测钎），使花杆底部位于望远镜的竖丝上后，固定照准部在经纬仪所指的方向上用钢尺进行测量，依次定出比一整尺段略短的 A1，12，23，…，6B 等尺段。在各尺段端点打下大木桩，桩顶高出地面 3~5cm，在桩顶钉一白铁皮，用经纬仪进行定线投影，在各白铁皮上用小刀画出 AB 方向线，再画一条与 AB 方向垂直的横线，形成十字，十字中心即为 AB 线的分段点。

三、钢尺量距

用钢尺或皮尺进行距离丈量的方法基本上是相同的，以下介绍用钢尺进行距离丈量的方法。钢尺量距一般需要三个人，分别担任前尺手、后尺手和记录员的工作。

（一）平坦地面的丈量方法

丈量前，先进行花杆定线。丈量时，后尺手甲拿着钢尺的末端在起点 A，前尺手乙拿钢尺的零点一端沿直线方向前进，将钢尺通过定线时的中间点，保证钢尺在 AB 直线上，不使钢尺扭曲，将尺子抖直、拉紧（30 m 钢尺用 100 N 拉力，50 m 钢尺用 150 N 拉力）拉平。甲、乙拉紧钢尺后，甲把尺的末端分划对准起点 A 并喊"预备"，当尺拉稳拉平后喊"好"，乙在听到甲所喊出的"好"的同时，把测钎对准钢尺零点刻画垂直地插入地面，这样就完成了第一整尺段的丈量。甲、乙两人抬尺前进，甲到达测钎或画记号处停住，重复上述操作，量完第二整尺段。最后丈量不足一整尺段时，乙将尺的零点刻画对准 B 点，甲在钢尺上读取不足一整尺段值，则 A，B 两点间的水平距离为：

$$D_{AB} = n \cdot l + q$$

（2-22）

式中：n——整尺段数；

l——整尺段长；

q——不足一整尺段值。

在平坦地面上，钢尺沿地面丈量的结果就是水平距离。

为了防止错误和提高丈量精度，一般需要往返丈量，在符合精度要求时，取往返丈量的平均距离为丈量结果。丈量的精度是用相对误差来表示的，它是往返丈量的差值 $\Delta D(\Delta D = D_{AB} - D_{BA})$ 的绝对值与往返丈量的平均距离 $D_0 \left(D_0 = \dfrac{D_{AB} + D_{BA}}{2} \right)$ 之比，通常以 k 表示，并将分子化为1，分母取整数。即：

$$k = \frac{|\Delta D|}{D_0} = \frac{1}{D_0 / |\Delta D|}$$

（2-23）

相对误差的分母愈大，说明量距的精度愈高。在一般情况下，平坦地区的钢尺量距精度应高于1/2000，在山区也应不低于1/1000。

（二）斜地面的丈量方法

1. 平量法

当地面坡度不大时，可将钢尺抬平丈量。欲丈量 AB 间的距离，将尺的零点对准 A 点，将尺抬高，并由记录者目估使尺拉水平，然后用垂球将尺的末端投于地面上，再插以测钎。若地面倾斜度较大，将整尺段拉平有困难时，可将一尺段分成几段来平量，如图 2-11 中的 MN 段。

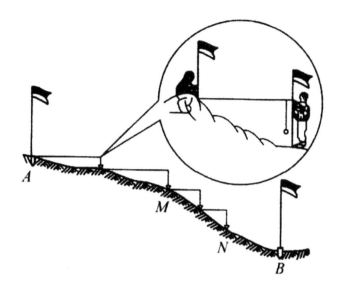

图 2-11　平量法量距

2. 斜量法

如图 2-12 所示，当地面倾斜的坡面均匀时，可以沿斜坡量出 AB 的斜距 L，测出 AB 两点的高差 h，或测出倾斜角 α，然后根据式（2-24）或式（2-25）计算 AB 的水平距离 D。

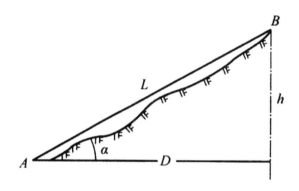

图 2-12　斜量法量距

$$D = \sqrt{L^2 - h^2}$$

（2-24）

$$D = L \cdot \cos\alpha$$

（2-25）

（三）钢尺量距的成果整理

钢尺量距时，钢尺要经过专门检定，得出钢尺在标准温度和标准拉力（一般为100 N）下的实际长度，并给出钢尺的尺长方程式。由于钢尺长度有误差并受量距时外界环境的影响，对量距结果应进行尺长、温度及倾斜改正以保证距离测量精度。

（四）钢尺量距的误差分析及注意事项

1. 钢尺量距的误差分析

钢尺量距的主要误差来源有下列几种：

（1）尺长误差

如果钢尺的名义长度和实际长度不符，则产生尺长误差。尺长误差是积累的，误差累积的大小与丈量距离成正比。往返丈量不能消除尺长误差，只有加入尺长改正才能消除。因此，新购置的钢尺必须经过检定，以求尺长改正值。

（2）温度误差

钢尺的长度随温度而变化，当丈量时温度和标准温度不一致时，将产生温度误差。钢的膨胀系数按 1.25×10^{-5} 计算，温度每变化 1 ℃ 其影响为丈量长度的 1/80000。一般量距时，当温度变化小于 10 ℃ 时，可以不加改正，但精密量距时，必须加温度改正。

（3）尺子倾斜和垂曲误差

由于地面高低不平，钢尺沿地面丈量时，尺面出现垂曲而成曲线，将使量得的长度比实际要大。因此，丈量时，必须注意尺子水平，整尺段悬空时，中间应有人托一下尺子，否则会产生不容忽视的垂曲误差。

（4）定线误差

由于丈量时的尺子没有准确地放在所量距离的直线方向上，使所丈量距离不是直线而是一组折线的误差称为"定线误差"。一般丈量时，要求花杆定线偏差不大于 0.1 m，仪器定线偏差不大于 5 cm。

（5）拉力误差

钢尺在丈量时所受拉力应与检定时拉力相同，否则将产生拉力误差，拉力的大小将影响尺长的变化。对于钢尺，若拉力变化 70 N，尺长将改变 1/10000，故在一般丈量中，只要保持拉力均匀即可。对较精密的丈量工作，则须使用弹簧秤。

（6）对点误差

丈量时，用测钎在地面上标志尺端点位置时，若插测钎不准，或前后尺手配合不佳，或余长读数不准，都会引起丈量误差，这种误差对丈量结果的影响可正可负，大小不定，故在丈量中应尽力做到对点准确，配合协调。

2. 钢尺的维护

①钢尺易生锈，工作结束后，应用软布擦去尺上的泥和水，涂上机油，以防生锈。

②钢尺易折断，如果钢尺出现卷曲，切不可用力硬拉。

③在行人和车辆多的地区量距时，中间要有专人保护，严防尺被车辆压过而折断。

④不准将尺子沿地面拖拉，以免磨损尺面刻画。

⑤收卷钢尺时，应按顺时针方向转动钢尺摇柄，切不可逆转，以免折断钢尺。

四、视距测量

视距测量是一种光学间接测定距离及高程的方法。它是一种利用经纬仪望远镜内十字丝平面上的视距丝（十字丝的上、下丝）装置，配合视距标尺（与普通水准尺通用），根据几何光学原理，同时测定两点间的水平距离和高差的方法。其测距精度较低，相对误差约为1/300，低于钢尺量距；测定高差的精度低于水准测量。但这种方法操作简便、迅速，受地形条件限制小，且精度能满足一般碎部测量的要求，因此，被广泛应用于传统的地形测量中。

（一）视距测量的原理

1. 视线水平时的距离与高差计算公式

如图2-13所示，A，B 为地面上两点，为测定该两点间的水平距离 D 和高差 h，在 A 点安置仪器，在 B 点竖立视距尺。由于视线水平，则视准轴与视距尺垂直。由图可知，A，B 两点的水平距离为：

$$D = d + f + \delta$$

$$(2-26)$$

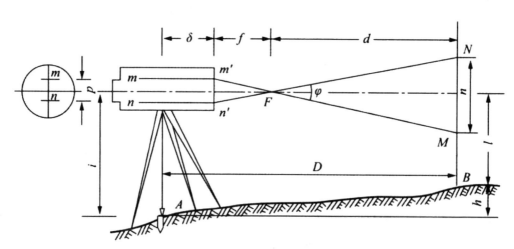

图 2-13 视线水平时的视距测量

由 $\triangle MFN$ 相似于 $\triangle m'Fn'$，得：$d = f \cdot n/p$。

代入上式得：

$$D = f \cdot n/p + f + \delta$$

式中：f——望远镜物镜的焦距；

n——视距丝（上、下丝）在 B 点的视距尺上读数之差；

p——望远镜内视距丝（上、下丝）的间距；

δ——望远镜物镜的光心至仪器中心的距离。

令 $K = f/p$，称"视距乘常数"；$C = f + \delta$，称"视距加常数"。则 A，B 两点的水平距离可写为 $D = K \cdot n + C$。

目前大多数厂家在光学仪器设计制造完成时，使 $K = 100$，$C \to 0$。故上式可写成：

$$D = K \cdot n = 100n$$

$$(2-27)$$

而 A，B 两点高差 h 的计算式可写为：

$$h = i - l$$

$$(2-28)$$

式中：i——仪器高；

l——望远镜中十字丝的横丝在 B 点的视距尺上的读数。

2. 视线倾斜时的距离与高差计算公式

如图 2-14，由于地形和通视条件的限制，通常在进行观测时，视线是倾斜的，在此情况下是不能用公式（2-27）和（2-28）计算水平距离和高差的。但可以设想：使立在 B 点的视距尺绕 O 点旋转一个 α 角后再与视线垂直，此时只要能把实测的视距间隔 n（MN）换算为旋转后的相应值 n'（$M'N'$），则可直接应用公式（2-27）。由于 φ 角很小（约为 $35'$），则 $\angle NN'O$ 和 $\angle MMO$ 可视为直角。因此有：

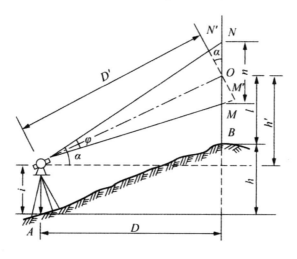

图 2-14　视线倾斜时的距离测量

$$N'M' = NO \cdot \cos\alpha + OM \cdot \cos\alpha = MN \cdot \cos\alpha$$

即 $n' = n\cos\alpha$。

应用公式（2-27）即可得出：$D' = K \cdot n' = K \cdot n \cdot \cos\alpha$。

则：

$$D = D'\cos\alpha = K \cdot n \cdot \cos^2\alpha = 100n \cdot \cos^2\alpha$$

$$(2-29)$$

计算出两点的水平距离 D 后，可以根据测得的竖直角 α、量得的仪器高 i 以及望远镜十字丝中丝读数 l，按下式计算 A，B 两点的高差 h：

$$h = D \cdot \tan\alpha + i - l = \frac{1}{2}K \cdot n \cdot \sin2\alpha + i - l$$

$$(2-30)$$

对于竖直角 α 来说，若 α 为仰角，即 α 为正，$D \cdot \tan\alpha$（$\frac{1}{2}K \cdot n \cdot \sin2\alpha$）也为正；若 α 为俯角，即 α 为负，$D \cdot \tan\alpha$（$\frac{1}{2}K \cdot n \cdot \sin2\alpha$）也为负。

（二）视距测量的观测与计算

视距测量主要用于地形测量，以测定测站点至碎部点的水平距离和碎部点的高程。视距测量的观测应按下述步骤进行：

一是在已知的控制点上安置经纬仪，作为测站点，量取仪器高 i，记入手簿。

二是在测点上竖立视距尺，并使视距尺竖直，尺面朝向仪器。

三是碎部测量一般只用经纬仪盘左位置进行观测即可，在观测之前首先求得经纬仪的竖盘指标差 x。然后盘左瞄准视距尺，消除视差，读取下丝读数 a、上丝读数 b 和中丝读数 l，记入手簿。

四是转动竖盘指标水准管的微动螺旋，使竖盘指标水准管气泡居中，读取竖盘读数（若竖盘指标自动归零，则可直接读数），考虑竖盘指标差 x，求出竖直角 α。

五是利用计算器按式（2-29）和式（2-30）计算出测站点与碎部点的水平距离和高差，记入手簿。则一个点的观测与计算完成。

然后重复上述步骤，观测、计算下一个点。

五、电磁波测距

电磁波测距是利用电磁波（微波、光波）作载波，在其上调制测距信号，测量两点间距离的一种方法。电磁波测距具有测量速度快、操作轻便、受地形影响小，测距精度高、测程远等优点。虽然电磁波测距仪器价格较高，但目前已普遍应用于各种工程测量中。

（一）电磁波测距仪的分类

1. 按仪器所采用的载波分类

①微波测距仪。它用微波段的无线电波作为载波。

②激光测距仪。它用激光作为载波。

③红外测距仪。它红外光作为载波。

激光测距仪和红外测距仪又统称为"光电测距仪"。微波测距仪和激光测距仪多适用于长距离测距，测程可达 60 km，一般用于大地测量；而红外测距仪属于中短程测距仪，测程在 15 km 以内，一般适用于小地区控制测量、地形测量、地籍测量和工程测量等。

2. 按测程分类

①短程测距仪。测程小于 5 km，适用于城市测量和普通测量。

②中程测距仪。测程为 5~15 km，用于一般的控制测量。

③远程测距仪。测程大于 15 km，用于高级的控制测量。

3. 按测量的精度分类

①Ⅰ级。每千米测距的中误差 m_D 为 5 mm。

②Ⅱ级。每千米测距的中误差 m_D 为 5~10 mm。

③Ⅲ级。每千米测距的中误差 m_D 为 10 mm 以上。

4. 按电磁波往返传波时间的测定方法分类

①脉冲法测距。测距仪发射系统发射光脉冲，经反光镜反射后，再由接收系统接收，根据发射和接收光脉冲的时间来计算距离。

②相位法测距。测距仪发射系统发射调制光波，经反光镜反射后，再由接收系统接收，测定调制光波在待测距离上往返传播所产生的相位差，以计算距离。

（二）电磁波测距仪的使用

目前，国内外生产的各种型号的电磁波测距仪很多，其工作原理和结构基本相同，但在具体操作上有较大差异，因此，在使用前，要仔细阅读说明书，严格按说明书上的操作步骤进行。

1. 仪器的安置

①在待测距离一端安置经纬仪，包括对中、整平，将测距仪与经纬仪连接（此项工作可参照说明书进行）。

②打开测距仪的电源开关，检查仪器是否工作正常。

③在待测距离的另一端安置反光镜，用基座上的光学对中器对中，用圆水准器整平基座。

2. 距离测量

①用经纬仪望远镜瞄准目标棱镜下方规牌的中心，制动经纬仪，读取竖盘读数，计算竖直角。

②调节测距仪的调节螺旋，使测距仪瞄准反光镜棱镜的中心。

③按动测距仪操作面板上的所需功能键，就可测出所需结果。

（三）电磁波测距仪的检验

电磁波测距仪的检验应委托国家市场监督管理总局授权的测绘仪器计量检定单位进行全部项目的检定工作。其检验的项目有以下内容：

一是发射、接收、照准三轴关系正确性的检验。

二是周期误差的测定。

三是仪器加常数和乘常数的测定。

四是内外部符合精度的检验。

五是测程的检定。

第三章 大比例尺地形图的测绘

第一节　地形图的基本知识

一、地形图和比例尺

（一）地形图

1. 地形图的含义

地形图是指以一定的比例尺和图式符号表示地物、地貌的平面位置和高程的标高投影图。测绘地形图的工作称为地形测量或碎部测量。

2. 地形图反映的内容

地形图主要反映地物和地貌。地貌：地表的起伏变化状态，如高山、平地、山脊、山谷、坡地等。地物：地表面上的固定物体，如房屋、桥梁、道路、江河、湖泊等。

3. 投影方法

投影的方法为标高投影，即水平投影加上标注高程。

（二）比例尺与比例尺精度

1. 比例尺

比例尺指地形图上任意两点间的距离与它所代表的实际水平距离之比，其表达式为：

$$地形图比例尺 = \frac{地形图上两点间的距离}{对应的实际水平距离} = \frac{1}{M}$$

(3-1)

这种以数字形式表示的比例尺称为数字比例尺。数字比例尺比值越大，比例尺越大，反映地物、地貌越详细。

还有一种比例尺称为图示比例尺（又称直线比例尺），用它可方便地进行图上距离与实际水平距离的换算，也可减少图纸伸缩的影响。

2. 比例尺精度

地形图上 0.1 mm 所代表的实际水平距离称为比例尺精度。人眼通常所能分辨的最小长度为 0.1 mm，因此，图上度量或实地测图时，一般只能达到 0.1 mm 的精度。

比例尺精度的作用：已知测图比例尺，确定实测最短距离；根据图上要求反映的最短距离，确定测图比例尺。

二、地物与地貌的表示方法

（一）地物

地物用地物符号表示。地物符号分为比例符号、非比例符号、线形符号、注记符号。

1. 比例符号

比例符号用来表示房屋、体育场、水塘等较大的地物，测出它们的特征点，按比例缩绘在图上。

2. 非比例符号

非比例符号用来表示控制点、烟囱、钻孔等轮廓较小的地物，测出它们的定位点，不依比例，用规定的象形符号表示。

3. 线形符号

线形符号用来表示铁路、管线等带状地物，长度方向按比例表示，宽度方向不按比例表示。

4. 注记符号

城镇、道路、河流的名称，林木、植被的类别，水流的流向及楼层的层数等，用文字、数字及特定符号注记说明。

符号选用取决于测图比例尺的大小及地物的大小。比例尺越大，用比例符号描述的地物就越多，用非比例符号就越少。

地物符号的绘制依据是《国家基本比例尺地形图图式》（简称《地形图图式》）。《地形图图式》中规定了各种地物符号的形态、大小、线型及间隔等。

（二）地貌

地貌用等高线表示。

1. 等高线的形成

假想用一水平面截割地面，则得到水平面与地面的交线，它既位于地面上，也位于该水平面上，因此，这条线上所代表的地面点都是等高的，故称为等高线。

若用一组水平面切割地面，得到一组等高线，将它们投影到水平投影面上，并标注相应的高程，即为地形图上的等高线。根据等高线的高程、走向、疏密程度，可判断出地面的起伏变化状态。

2. 等高线分类

等高线可分为首曲线、计曲线、间曲线、助曲线。地形图上等高线很多，为了便于识图，每隔 4 根加粗 1 根，加粗的等高线称为计曲线；其余 4 根称为首曲线，又称为基本等高线。等高线按基本等高距绘制，在计曲线上标注等高线的高程。对于局部重要地貌，若计曲线与首曲线还不够清楚反映地貌特征，则需要加密等高线。按 1/2 基本等高距内插加密的等高线，称为间曲线，用长虚线表示；按 1/4 基本等高距内插加密的等高线，称为助曲线，用短虚线表示。

3. 等高距与等高线平距

地形图上相邻两基本等高线之间的高差称为等高距。同一幅地形图中等高距相同，标注在图纸的西南角。

等高线平距指地形图上相邻两条等高线之间的水平距离。等高线平距越小，等高线越密，表示地面坡度越陡；等高线平距越大，等高线越稀疏，表示地面坡度越缓；等高线平距相同，等高线平行，表示地面坡度均匀。

4. 典型地貌等高线

①山头与洼地：山头为一圈圈闭合形状等高线，中间高周围低；洼地为一圈圈闭合形状等高线，中间低周围高。

②山脊与山谷：山脊为一组抛物线形等高线，凸向低处；山谷为一组抛物线形等高线，凸向高处。山脊最高点的连线，为山脊线；山谷最低点的连线，为山谷线。

③鞍部：形如马鞍的地形，一对山脊线与一对山谷线会合的部位。

④陡岩：近于垂直的地形，尽管地面上的等高线位于不同高程的层面上，但投影在地形图上后，等高线很密集，用陡岩符号表示，其岩质有土质与石质之分。

⑤悬崖：上部水平凸出，下部内陷的地形。投影在地形图上的等高线相交，且交点成对出现，不可见部分的等高线用虚线表示。

5. 等高线的特性

等高性：位于同一等高线上各点的高程相等。

闭合性：等高线为闭合的曲线。

非交性：不同高程的等高线不相交、不重合（除悬崖与陡岩）。

正交性：等高线与山脊线、山谷线垂直相交。

密陡疏缓性：等高线愈密，则地面坡度愈陡；等高线愈疏，则地面坡度愈缓。

平行均坡性：等高线互相平行，则地面坡度均匀。

第二节　小区域控制测量

一、平面控制测量

平面控制测量的目的，得到控制点的坐标（X，Y）；方法，导线测量、小三角测量、交会法。由于测距仪器的普遍使用，测距方便快捷，一般多用导线测量进行平面控制测量。

（一）导线测量

在测区选若干个控制点，连接相邻控制点所形成的折线，称为导线；这些控制点，称为导线点；连接导线的线段，称为导线边。测定各导线边和各转折角，根据起算数据，推算各导线点坐标的工作，称为导线测量。

1. 导线的布置形式

导线的布置形式有闭合导线、附合导线和支导线。双线为已知边，单线为导线边，导线边与导线边所夹的角为转折角，导线边与已知边所夹的角为连接角。

导线形式的选用，主要考虑测区形状和高级控制点的已知情况。从测区形状考虑，测区为方、圆形，选用闭合导线；测区为带状，选用附合导线或支导线。闭合导线及支导线适应性很强，测区内有无已知点都可选用；而附合导线适用于测区内至少有两条已知边的情况。

2. 导线测量的外业工作

（1）选点

选点原则：相邻导线点必须通视，以便测角、测边；点位应处在视野开阔且土质坚硬处，以便控制较大的区域及点位的保存；导线点应具有一定的密度，以便控制整个测区；相邻边应大致相等，以便提高测角测边精度。

（2）测角

测角内容：所有转折角、定向角（独立坐标系统，测某边的磁方位角；统一坐标系统，测连接角）。

测角方法：测转折角和连接角，用经纬仪或全站仪进行测回法观测；磁方位角，用罗盘仪测定。

（3）测边

测边内容：所有导线边。

测边方法：有测距仪器时，首选测距；精度要求不高时，可用经纬仪视距。

3. 导线测量的内业计算

以闭合导线为例。

起算数据：起算点坐标、起始边方位角（若统一坐标系统，起点坐标及起始边方位角已知；若独立坐标系统，起点坐标假设，起始边方位角观测）。

观测数据：各转折角、导线边边长、连接角或磁方位角。

计算步骤：

①角度闭合差 f_β 的计算及调整：

$$f_\beta = \sum \beta_{测} - \sum \beta_{理}$$

$$(3-2)$$

式中：$\sum \beta_{测}$——实测多边形内角和；

$\sum \beta_{理}$——内角和理论值，$\sum \beta_{理} = (n - 2) \times 180^\circ$。

若角度闭合差 $f_\beta \leqslant$ 角度闭合差允许值为 $f_{\beta允}$（$f_{\beta允} = \pm 60^n \sqrt{n}$），则测角精度合格，否则应重测。

角度闭合差的调整原则：将 f_β 反号，按角的个数平均分配到各个观测角中；分不完的，分在短边的邻角上（夹角的边越短，测角的误差越大），取至秒。

一个角的改正值：

$$\frac{-f_\beta}{n}$$

$$(3-3)$$

改正后的角值：

$$\beta_{改} = \beta_{测} + \left(\frac{-f_\beta}{n} \right)$$

$$(3-4)$$

式中：$\beta_{测}$——转折角的外业观测值；

n——闭合导线内角个数。

计算校核：$\sum\limits_{1}^{n} \dfrac{-f_\beta}{n} = -f_\beta$。

②计算方位角：

$$\alpha_i = \alpha_{i-1} + 180° + \beta_{\text{左}}$$
$$\alpha_i = \alpha_{i-1} + 180° - \beta_{\text{右}}$$

$$(3-5)$$

式中：α_i——导线第 i 边的方位角；

α_{i-1}——导线第 $i-1$ 边的方位角；

$\beta_{\text{左}}$——面向导线前进方向左边的转折角；

$\beta_{\text{右}}$——面向导线前进方向右边的转折角。

在闭合导线中按逆时针方向计算时，内角即为左角。计算结果若超过 360°，应减 360°；出现负值，应加 360°。方位角的变化范围为 0°~360°。

③计算坐标增量。坐标增量计算式为：

$$\begin{cases} \Delta x = D\cos\alpha \\ \Delta y = D\sin\alpha \end{cases}$$

$$(3-6)$$

式中：D——导线边的边长；

a——导线边的方位角。

④坐标增量闭合差的计算及调整。

坐标增量闭合差：

$$\begin{cases} f_x = \sum \Delta x \\ f_y = \sum \Delta y \end{cases}$$

$$(3-7)$$

导线全长闭合差：

$$f_D = \sqrt{f_x^2 + f_y^2}$$

$$(3-8)$$

导线全长闭合差：

$$K = \frac{|f_D|}{\sum D} = \frac{1}{\dfrac{\sum D}{|f_D|}} \leqslant K_{\text{允}}$$

$$(3-9)$$

若 $K \leq K_{允}$（$K_{允}$ 查有关规范），则导线总精度合格，可进行后续计算；否则，应重测。

改正后的坐标增量：

$$\begin{cases} \Delta x_{改} = \Delta x + v_{\Delta x_{改}} \\ \Delta y_{改} = \Delta y + v_{\Delta y_{改}} \end{cases}$$

$$(3-10)$$

式中：$v_{\Delta x_{改}}$，$v_{\Delta y_{改}}$ ——坐标增量闭合差的改正值。

坐标增量闭合差的调整原则：坐标增量闭合差 f_x，f_y 反号，按边长成正比例分配到各导线边上。即：

$$v_{\Delta x_{改}} = \frac{-f_x}{\sum D} \times D_i \ , \ v_{\Delta y_{改}} = \frac{-f_y}{\sum D} \times D_i$$

$$(3-11)$$

式中：$\sum D$ ——导线总长；

D_i ——第 i 边的导线边长。

⑤计算导线点的坐标：

$$\begin{cases} x_i = x_{i-1} + \Delta x_{改} \\ y_i = y_{i-1} + \Delta y_{改} \end{cases}$$

$$(3-12)$$

式中：x_i，y_i ——导线第 i 点的坐标；

x_{i-1}，y_{i-1} ——导线第 $i-1$ 点的坐标；

$\Delta x_{改}$，$\Delta y_{改}$ ——改正后的坐标增量（第 $i-1$ 点到 i 点）。

4. 计算校核

闭合导线计算校核应该满足下式：

$$\sum \beta_{改} = (n-2) \times 180°$$

$$(3-13)$$

$$\alpha_{推算终边} = \alpha_{已知终边}$$

$$(3-14)$$

$$\begin{cases} \sum \Delta x_{改} = 0 \\ \sum \Delta y_{改} = 0 \end{cases}$$

$$(3-15)$$

$$\begin{cases} x_{推算起点} = x_{已知起点} \\ y_{推算起点} = y_{已知起点} \end{cases}$$

$$(3-16)$$

上例为闭合导线的内业计算。附合导线与闭合导线比较，计算过程相同，仅下面两种闭合差的计算方法不同。

①角度闭合差的计算：附合导线角度闭合差是用方位角推算，计算式为：

$$f_\beta = \alpha_{推算终边} - \alpha_{已知终边}$$

$$(3-17)$$

②坐标增量闭合差的计算：

$$\begin{cases} f_x = \sum \Delta x - (x_{终} - x_{始}) \\ f_y = \sum \Delta y - (y_{终} - y_{始}) \end{cases}$$

$$(3-18)$$

注意：附合导线转折角若为右角，角度闭合差应同号分配。

（二）小三角测量简介

小三角测量适用于无测距仪器，精度要求高，视野开阔的地带。

1. 外业

选点：选点并连成连续的三角形，各边通视。测边：钢尺精密量出一或二条基线边水平距离。测角：测所有三角形内角及定向角。

2. 内业

第 1 步，计算边长（正弦定理）；第 2 步，计算坐标。

注意：正弦定理推算边长前，应对角进行两次平差，使三角形闭合、基线闭合；坐标推算前，应去掉三角网中间连线，其形式由三角网转为闭合导线。

（三）交会法加密控制点

该法适用于测区已有一定数量的控制点，需要补充加密控制点。至少有两个已知点，由两个已知点与交会点 P 构成三角形，测三角形两内角或两边，求出交会点。

1. 测角交会

测三角形两个角。已知 A，B 点坐标 (X_A, Y_A) (X_B, Y_B)，计算交会点 P 的坐标 (X_P, Y_P)。

2. 测边交会

测三角形两边 AP，BP。已知 A，B 点坐标 $(X_A，Y_A)$ $(X_B，Y_B)$，计算交会点 P 的坐标 $(X_P，Y_P)$。

具体计算方法可参阅相关书籍。

除上述方法外，还可用极坐标法，即测三角形中已知点上一个角，再测已知点到待定点的一条边，即可推求出 P 点坐标。

二、高程控制测量

高程控制测量的目的是推算出各控制点的高程。常用方法有水准测量、三角高程测量（经纬仪视距三角高程、全站仪测距三角高程）。

测量步骤：

一是测各边的高差（$h_测$）。

二是判断观测精度是否合格，若 $f_h \leqslant f_允$ 此精度合格，否则重测。

三是平差，推算出平差后的高差（$h_改$）。

四是推算高程（H）。

为了消除地球曲率及大气折光的影响，用三角高程测高差，应往返观测，最后结果为往返观测高差绝对值的平均数，符号用往测的符号。

1. 用经纬仪测

$$
\left.
\begin{aligned}
h_{AB} &= \frac{D}{\tan z} + i_A - v_B \\
h_{R4} &= \frac{D}{\tan z} + i_B - v_A
\end{aligned}
\right\} \rightarrow \bar{h}_{AB}
$$

(3-19)

2. 用全站仪测

直接显示出地面两点间的高差 h_{AB}，$h_{BA} \rightarrow \bar{h}_{AB}$。

三角高程测量，可单独测交会点的高程，也可形成线路观测，求出高差闭合差，平差后，由改正后的高差推算待定点的高程。

第三节　经纬仪测图

一、测图前的准备工作

（一）准备图纸

1. 图幅规格

一般采用 50 cm ×50 cm，50 cm ×40 cm 图幅，也可根据需要采用其他规格的图幅。

2. 地形图的编号

一个测区的地形图往往由若干张图纸组成，为了便于管理与阅读，应统一编号。一般采用图廓西南角坐标（以千米为单位）编号法，也可采用流水编号法或行列编号法。

①图廓西南角坐标（以千米为单位）编号法：若该图西南角坐标为（$X = 40.00$ km，$Y = 32.00$ km），则该图的图号为（40.00—32.00）。

②流水编号法：从左到右自上而下用阿拉伯数字编号 1，2，3，…，n。

③行列编号法：以 A，B，C 等代表横行，由上到下排列；以阿拉伯数字代表纵行，从左到右排列。

3. 绘制坐标方格网

测图前必须展绘控制点，为了精确地在纸质图上展绘控制点，图纸上必须绘有坐标方格网，网格规格为 10 cm×10 cm。若采用聚酯薄膜画图，它本身印有坐标方格网，不需要再绘制；若采用数字化测图，直接在相应软件中调用方格网；若采用 4 纸绘图，则要手工绘制坐标方格网，一般用对角线法绘制。

绘制方格网的步骤如下：

①绘制对角线，交点为 O。

②在对角线上截取 $OA = OB = OC = OD$，大致等于图幅对角线的 1/2。

③连接 A，B，C，O 点，绘制标准的矩形。

④在短形对应边上截取 10 cm，10 cm，10 cm，10 cm，10 cm，得到截取点。

⑤连对应边上的截取点，得到方格网。

⑥标注图幅 4 个角点的坐标，以千米为单位。有时也以米为单位注在图幅的西南边上。

方格网精度校核：对角线上各方格角点应位于同一直线上，其偏差≤0.2 mm；小方格边长及对角线长与理论长比较，其偏差≤0.2 mm；周边大方格对角线长与理论长之差≤0.3 mm。

4. 展绘控制点

其步骤为：

①在较小比例尺图纸上，粗略展绘所有控制点，了解控制点分布情况。

②分幅（50 cm×50 cm 或 50 cm×40 cm），了解图幅数及控制点在各幅图中的分配情况。

③精确展绘各控制点：先找到控制点所在的方格，然后算出控制点与该方格角点的坐标增量，再在方格四条边上截取增量值得到对应点，分别连对应截取点，所得交点即为展绘的控制点位，按《地形图图式》的规定符号注记。

5. 展点校核

相邻两控制点间的长度与由相邻两控制点反算的长度之比，不能超过0.3 mm。

分幅、编号、绘方格网及展点完成后，图纸就准备好了。

数字化测图，无须事先准备图纸（可以画草图），而是将控制点直接输入电子记录手簿或仪器中，待测图时直接用。野外测毕，可随观测资料传入电脑。

（二）仪器工具的准备

测量仪器工具：经纬仪、水准尺、卷尺等。

记录计算工具：程序计算器、记录簿、铅笔等。

绘图工具：量角器、比例尺子、三角板、铅笔等（直角坐标上图，不需要量角器）。

（三）了解测区情况

了解内容：控制点的分布、通视情况、地物种类及分布、植被种类、地面起伏变化状态、测区边界等。

二、测图方法

在测站点（测站点 X，Y，H 已知）上安置经纬仪，旁边安置绘图板，在地面上立尺，测出它们的平面位置和高程，用极坐标法或直角坐标法展点，相应点连线。

测图程序：测站准备→立尺→观测→记录计算→展点→绘图。

（一）测站准备

1. 安置经纬仪

对中、整平、量仪器高、置数。

置数有两种选择：瞄控制点 B，水平度盘置零；瞄控制点 B，水平度盘置该边的方位角（相当于瞄北方置零）。比较两种置数，后一种精度较高，容易判别方位，不受置数点是否在图上的限制，而且可方便地提供任意方向的方位角，也是直角坐标上图必用的置数方法。

2. 安置图板

在测站旁安置图板，图纸上应做下列准备工作：

①若极坐标展点，则固定量角器于图纸测站上，并画出置零方向线。置零方向线指置零方向对应的线。若 AB 方向置零，AB 方向线为零方向线；若 AB 方向置方位角，南北方向线为零方向线。

②若用直角坐标展点，应定出新的坐标原点（一般选取网格某交点），作为上图的基准点。

3. 计算公式

①极坐标法展点数据——极角、极径、高程。

极角：相对于零方向线的水平角 β，直接测得。

极径：测站点到立尺点的水平距离，$D = Kl\sin^2 Z$。

立尺点高程：

$$H_尺 = H_站 + \frac{D}{\tan Z} + i - v$$

$$(3-20)$$

式中：K（知）——视距常数 100；

l（测）——尺间隔（上下丝读数差，以 m 为单位）；

Z（测）——天顶距，不考虑指标差时，盘左时的竖盘读数；

$H_站$（知）——测站点高程，由控制测量得；

i（量）——仪器高，量取（地面点到仪器横轴中心的垂直距离）；

v（测）——中丝读数。

②直角坐标法展点数据——X' 标、Y' 标、H 高程。

立尺点的 X 坐标：

$$X'_{尺} = X_{站} + D\cos\alpha - X_{0'}$$

$$(3-21)$$

立尺点的 Y 坐标：

$$Y'_{尺} = Y_{站} + D\sin\alpha - Y_{0'}$$

$$(3-22)$$

立尺点的高程：

$$H_{尺} = H_{站} + D/\tan Z + i - v$$

$$(3-23)$$

$$D = Kl\sin^2 Z$$

式中：$X_{站}$，$Y_{站}$（已知）——测站点坐标；

$X_{0'}$，$Y_{0'}$（已知）——新的坐标原点在原坐标系中的坐标；

D（推求）——测站点到立尺点的水平距离；

α（测）——测站点到立尺点的方位角（起始方向置方位角，即为水平度盘的读数）。

观测内容：三丝、水平盘、竖盘读数。

4. 测站校核

将某一控制点视为碎部点，用测图的方法测出该点的平面位置和高程，并展绘在图上，与该控制点本来的位置比较，若差值在允许的范围内，则测站准备工作就绪；否则，应查明原因重新准备。

（二）立尺

立尺点应选择在地物、地貌的特征点上，若地面为均匀坡，应按梅花形状均匀立尺。

1. 地貌特征点

山顶最高点，洼地最低点，鞍部、陡坎与陡崖的上下边缘转折点，山脊、山谷、山坡、山脚的坡度变化点及方向变化点。

2. 地物特征点

地物轮廓线上的转折点、交叉点，河流和道路的拐弯点，独立地物的中心点等；对于水系（河流、湖泊、水库、池塘、沟渠等），为水涯线拐弯点；对于植被（树林、苗圃、经济林、稻田、旱地、菜地等），为植被边界线的方向变化处。

测绘要求：

①图上碎部点应具有一定的密度。一般图上碎部点间隔不超过 3 cm。若 1∶500 不超过 15 m；1∶1 000 不超过 30 m。

②地形图上高程点的注记：当等高距为 0.5 m 时，应精确至 0.01 m；当等高距大于

0.5 m时，应精确至 0.1 m。

③各类建筑物及附属设施：均应测绘，房屋外廓以墙角为准。

④居民区：可视测图比例尺大小或用图需要，内容及其取舍可适当综合。

⑤临时性建筑：可不测。

⑥独立地物：能按比例尺表示的，应实测外廓；不能按比例尺表示的，应准确表示出定位点或定位线。

⑦管线：均应实测。线路密集时或居民区的低压电力线和通信线路，可选择要点测绘；当多种线路在同一杆柱上时，应表示主要的。

⑧道路及其附属物：均应按实际形状测绘。铁路应测注轨面高程，涵洞应测注洞底高程。

⑨水系：应按实际形状测绘。水渠应测注渠顶边高程，堤坝应测注顶部及坡脚高程，水井应测注井台高程，水塘应测注塘底及塘顶边高程，当河沟、水渠在地形图上宽度小于 1 mm 时，可用单线表示。

⑩地貌：山顶、鞍部、洼地、山脊、山谷及倾斜变换点处，必须测注高程；露岩、独立石、土堆、陡坎等，应注高程或比高。各种天然斜坡、陡坎，比高小于等高距的 1/2 或图上长度小于 10 mm 时，可不表示。

⑪植被：应按经济价值和面积大小适当取舍。地类界与线状地物重合时，应绘线状地物符号；梯山坎的坡度在地形图上大于 2 mm 时应实测坡脚，小于等于 2 mm 时可量注比高。

（三）读数（仅用盘左位置观测）

上丝下丝→尺间隔 l；中丝→截尺 v；水平盘→水平角 β 或方位角 α；竖盘→天顶距 Z。

（四）计算

极坐标法：

$$\begin{cases} D = Kl \sin^2 Z \\ H_尺 = H_站 + \dfrac{D}{\tan Z} + i - v \end{cases}$$

(3-24)

直角坐标法：

$$\begin{cases} X'_{\text{尺}} = (X_{\text{站}} + D\cos\alpha) - X_{\text{新原点}} \\ Y'_{\text{尺}} = (Y_{\text{站}} + D\sin\alpha) - Y_{\text{新原点}} \\ H_{\text{尺}} = H_{\text{站}} + \dfrac{D}{\tan Z} + i - v \end{cases}$$

$$(3-25)$$

（五）展点

1. 极坐标法展点

工具有量角器、大头针、直尺或三角板。极坐标法的展图步骤为：

①在图上画出置零方向线。

②在量角器上找到水平角的对应值，对准零方向线。

③按测图比例尺，在量角器对应边上截取水平距离 D，得碎部点的平面位置。

④在碎部点位右侧标注高程（字头朝北）。

⑤勾绘出地性线、地物轮廓线，并用图示符号对地物地貌进行相关注记。

2. 直角坐标法展点

工具有直尺、三角板。步骤为：

①以新的坐标原点 O' 为起点，沿纵横网格线，分别量取 X'_P，Y'_P 得 1，2 点，过 1，2 点作网格线的垂线，所得交点即为立尺点 P 的图上位置，在点位右侧标注高程（字头朝北）。

②根据现场地形，勾绘地性线（山脊线、山谷线、山脚线等）、地物轮廓线、植被边界线、水边线等，注明特征点、地物符号及植被符号。勾绘出典型地貌等高线的大致位置。

3. 注意事项

①记录时应对碎部点进行备注。

②地性线要随测随连。

③观测若干点后应复核起始方向的置数是否有变化，若差值小于等于 4′，拨正后继续测；若超限，应重测。

④碎部点距测站点距离控制在允许范围，否则影响测图精度。

⑤角度读至（′），距离与高程的取位与比例尺有关，一般距离取至 0.1 m，高差及高程取至 0.01 m。

⑥图上碎部点：平均间隔 1~3 cm。

⑦测完一测站，应检查有无漏测和错测，必要时要补测、重测。

⑧为了便于图纸拼接，应测出接图边界 5~10 mm。

三、地形图的绘制

（一）地物的描绘

1. 居民地

不规则时，连相邻角点；排列整齐时，用推平行线的方法绘出；独立小地物，绘出中心位置后，按地物底部尺寸绘出地物的轮廓。

2. 道路（铁路、公路、大车道、小路）

绘出道路的一侧，根据路宽绘出路的另一侧；绘出道路中心线，根据路宽绘出路边线。对于不能按比例符号表示的道路，按图示符号绘制；绘小路时，注意弯道的取舍。

3. 水系（河流、湖泊、水库、池塘、沟渠等）

绘出岸线及水面与岸边的交线（水涯线）。沟渠按规定符号绘制。

4. 植被（树林、苗圃、经济林、稻田、旱地、菜地等）

绘出边界线，填充相应植被符号，并对植被种类加以汉字标注说明。

5. 管线设施

绘出线路上的杆塔位置及线路连接，根据高低压、输配电及通信线路的种类，用相应符号绘出。

（二）等高线的勾绘

在地形图上用等高线表示地貌。为了方便勾绘等高线，在测图进程中，要随时注意连接相关特征点，勾绘出山脊线、山谷线、坡脚线等地性线，标注出山头最高点、洼地最低点、鞍部等特征点，可根据特征点、地性线及地形点的分布情况判断出地面起伏变化状态，从而勾绘出等高线。

等高线不是直接绘出，而要通过地形点内插。两点间为均匀坡，则高差与水平距离对应成比例，按这一对应关系先内插高程点，再内插勾绘等高线。

绘等高线：根据内插点位，结合等高线的特性，对照地性线的走向与实际地形，用光滑的曲线将高程相同的相邻点连起来，就得到等高线了。

注意事项：

一是上述内插等高线的方法为理论方法，熟练后可直接用目估法。

二是若相邻地形点间有地性线（山脊线、山谷线等），说明这两点间不是均匀坡，不满足两点间高差与水平距离对应成比例的关系，不能按上述原理内插。

三是为了尽可能地反映地形特征，主要等高线的勾绘，常在野外对照地形边测边绘。

（三）地形图的拼接

若测区较大，对整个测区要分组或分块进行测绘，图幅间应进行拼接。由于测量误差的存在，接头处的地物、地貌一般会出现错位，若错位在允许范围内，应进行修正，否则应分析原因，必要时要到野外复测纠正。为了便于图形拼接，测图范围应超过拼接边 5~10mm。

（四）地形图的检查

为了保证地形测量成果的质量，所测图必须经过层层检查，合格及以上等级的图纸才能投入使用。检查包括自己检查、小组检查、大组检查及质量监督部门检查，检查方式包括图面检查及野外检查。

1. 图面检查

主要检查控制点的分布是否合理，地物位置是否正确，等高线是否合理，地物、地貌符号是否按《地形图图式》绘制，接图边的拼接精度是否合格，是否有错漏等。若有问题，应先查内业资料，再野外检查，必要时野外补测更正，不得随便修改。

2. 野外检查

将图纸与现场对照，进行巡视检查，核对图上地物、地貌与实地是否吻合。检查中发现的错误或疑点，要设站检查修正。

（五）地形图的修饰

地形图上的字、线及符号应按《地形图图式》的规定进行绘制与标注，如字体、字号、字的方向、线型、线粗、符号的大小、符号的尺寸、符号的定位点及定位线、符号的方向与配置均应在图上正确标示。

最后，完善图框外的注记与说明，如图名、图号、接图表、测图单位、测图日期、测图方法、坐标系统、高程系统、等高距、图式版本、测图比例尺、测图员、绘图员、检查员等。详见《地形图图式》。

第四节 数字化测图

一、数字化测图概念

（一）数字化测图

数字化测图是以仪器野外采集的数据为电子信息，自动传输、记录、存储、处理、成图和绘图。其基本方法是将采集的各种有关的地物和地貌信息转化为数字形式，通过数据接口传输给计算机进行处理，得到内容丰富的电子地图，需要时由图形输出设备（如显示器、绘图仪）绘出地形图或各种专题地图。

（二）数字化测图的特点

自动化、数字化、高精度。提交的成果是可供传输、处理、共享的数字地形信息。随着现代测绘设备和计算机应用软件的广泛应用，数字化测图已逐步替代传统的白纸测图。

（三）数字化测图的步骤

其三大步骤是数据采集、数据处理、图形输出。数字化作业流程如图 3-1 所示。

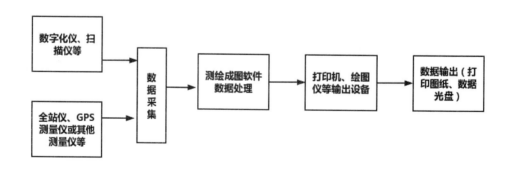

图 3-1 数字化作业流程图

数字化地形测量仍然包括控制测量、碎部测量，但是这两部分既可平行施工又可按顺序施工，与传统地形测量相比，压缩了大量的中间生产过程。在一定条件下，大比例尺数字化地形测量可以一次性全面布网至测站点，并且可以直接先测图而不受"先控制、后测图""逐级加密"等测量原则的约束。

碎部测量在数字化地形测量中是地形数据采集的过程，大量的成图工作由内业完成，成图的方法根据使用测图软件的不同而不同。

二、获取数字地图的方法

（一）地图数字化成图（纸质图→数化图）

成图过程：纸质图→室内数字化→数化图。

使用设备：计算机、数字化仪、扫描仪、扫描矢量化软件。

作业方法：

手扶跟踪数字化：用数字化仪对纸质图进行手扶跟踪数字化。

扫描矢量化后数字化：用扫描仪对纸质图进行扫描，得到光栅图像，再用扫描矢量化软件进行屏幕跟踪数字化。

优点：充分利用现有纸质地形图，投入软硬件资源较少。缺点：精度比原图低。

（二）航测数字测图（航测像片→数化图）

成图过程：航空摄影→航测像片→外业判读影像→内业立体测图→数字化地形图。

优点：成图速度快、精度均匀、成本低。缺点：对设备及操作人员的专业化程度要求高。

（三）地面数字测图（实地测点→数化图）

地面数字测图模式有全站仪自动跟踪测量模式、GPS测量模式、现场测记模式。

用测量仪器（全站仪、GPS）进行实地测量，自动完成数据记录、处理和传输，由计算机生成数字地形图。此方法又称内外业一体化数字化测图。

优点：精度高，是当今测绘大比例尺数字地形图的主要方法。缺点：耗费高，作业时间相对较长。

三、全站仪数字化测图

全站仪数字化测图仍然包括控制测量与碎部测量，可"先控制测量，后碎部测量"，也可同时进行，与常规测图方法比较可大大节省时间。

（一）测图流程

由全站仪实地测量采集数据并传输给计算机，通过计算机软件对野外采集的信息进行识别、连接、调用图式符号，并编辑生成数字地形图。

（二）采集的数据信息

1. 点的信息

点的信息包括点号及点的三维坐标 (X, Y, H)，通过全站仪实测获取。

2. 绘图信息

绘图信息包括点的属性及测点间的连接关系，通过对点编码或绘草图体现。

（三）野外采集数据前的准备工作

1. 仪器工具

仪器工具包括全站仪、对讲机、电子手簿或掌上电脑、备用电池、反光棱镜、钢尺等。

2. 控制测量成果

控制点分布图、控制点的坐标。

3. 作业区域的划分

一般以沟渠、道路等明显线状地物划分测区。这样划分的好处是避免漏测、重测和图纸的拼接。

4. 人员分工

测记法（草图法），观测员 1 人，记录员 1 人，草图员 1 人，跑尺员 1 或 2 人；电子平板法，观测员 1 人，电子平板（便携机）操作员（记录与成图）1 人，跑尺员 1 或 2 人。

（四）采集数据步骤

1. 在测站点安置全站仪，连接便携机，量取仪器高，开机。

2. 选择测量状态。

3. 输入测站点和后视点的点号［输入点号，就相当于调用对应点的 (X, Y, H)］。

4. 定向：在后视点立镜，瞄镜进行定向。

5. 测站校核：在一控制点上立镜，测出该点的三维坐标 (X, Y, H)，并与控制测量所得该点值比较，若满足要求，则测站准备工作就绪；否则，应进行下列几方面的检查：

①已知点、定向点和检查点的坐标是否输错。

②点号是否调错。

③仪器及设备是否有故障。

④仪器操作是否正确等。

6. 通知持镜者开始跑点，测出各碎部点的三维坐标并记录。

7. 一站测完检查确认无误后，关机、搬站。下一测站，重新按上述步骤进行。

具体操作方法参看仪器使用说明书。

（五）传输碎部点三维坐标

外业数据采集后，用通信电缆线连全站仪与计算机或连外接记录簿与计算机，将采集的碎部点的三维坐标（X，Y，H）传入计算机，并以文件的形式保存。

（六）展绘碎部点、成图

按绘图软件的提示，即可展绘出碎部点（包括点位、高程及点号），再结合野外绘制的草图即可绘制出地物，通过绘图软件建模即可勾绘出等高线，通过绘图处理、图形编辑、修改、整饰，最后形成数字地图。

具体操作方法参看软件使用说明书。

（七）采集数据注意事项

一是测点时，除了测特性点外，还应加密测点，以满足计算机建模的需要。

二是测图单元尽量以自然分界来划分，如以河流、道路等划分。

三是尽量用仪器直接实测。

四是立尺员与测站应及时互通信息，以确保数据记录的真实性。

五是做好详细记录，不要把疑点带到内业中处理。

六是若绘草图，则须标明测点的属性。

第五节　倾斜摄影测量技术在大比例尺地形图测绘中的应用

一、传统地图测绘与倾斜摄影技术

地图的历史可以追溯到人类文明发展起源，地图的作用也从过去的领土意识变成了现在的信息辅助工具。最为传统的地图测量方式为地面测量，采用的具体方法通常为坐标系测量法。坐标系测量法目前仍在小区域范围内的地图绘制中进行应用，它的简要操作是在绘制区域内选取一点作为坐标原点，然后根据要求的精度进行坐标系的分割，例如将 1 m

作为单位，则该地图的精度就为 1 m。将拟定好的 1 m 标准在坐标系原点开始向远处进行画线，将测量区域分割成若干个 1 m×1 m 的方格，然后记录每个方格内的地理信息数据，例如地形有无房屋等。在测量区域的边界处也能够清楚地看到在哪个 1 m 的格子位置终止，然后将上述收集到的所有信息在地形图中表述出来，即得到了精度为 1 m 的地图。这样收集地图的方式原理简单、容易理解，且无需任何后续的数据处理，若需要更高精度的地图，则需要将最小单位分割成更小的长度。

在中国航空领域技术逐渐发展成熟之后，空中测量地图也成为主流技术。相比于地面测量，空中测量能够更快更迅速地测量较大区域的地形以及其他信息。它的原理通常与地面测量类似，同样采取建立坐标原点，分割最小单位的方式。但在航空技术逐渐发展成熟之时 GPS 技术也在同步发展，此时已经无须实际标出测量区域，在缩略图上模拟标出测量线，只须通过计算机处理技术，将 GPS 坐标数据直接引入测量区域即可。这种方法的好处是多个测量区域也能够叠加为一张地图，因为采用的均为 GPS 坐标且原点是固定的，无论多少个地图的测绘均可以整合在同一数据之中。采用此种方法进行的地图测量，适用于省份地图、国家地图或更大区域的海域地图制作等。

近年来，无人机技术逐渐发展成熟，民用无人机也成为很多航空爱好者的必备设备。无人机属于小型航天器，通常采用电池作为能量来源，无人机的导航方式采用数据网络和 GPS 的方式，在利用 GPS 导航信号的同时通常也与无人机使用者的手持终端进行持续通信。大部分无人机均内置 GPS 导航网络，利用现有卫星数据进行位置确定。无人机还能够搭载其他设备如摄像头，利用无人机进行摄影的技术也逐渐成熟和普及。

倾斜摄影指的就是无人机在空中摄影的过程中，对斜向的影像进行取景，在高度固定的前提下，即使无人机不到目标区域，也可通过倾斜摄影的方式对目标区域进行取景。由于多种因素影响，在倾斜摄影取景的过程中，可能会造成采集的图像失真，近些年来经过技术探究和人工智能的引入，对于如何通过倾斜摄影技术采集到高精度图像，也有了较为成熟的操作模式和标准。

倾斜摄影技术与地图测绘相结合也在此时出现，顾名思义，就是将无人机倾斜摄影技术与地图测绘相融合，使用无人机代替人工作业。下面将简要说明倾斜摄影技术在地图测绘中的应用。

二、倾斜摄影技术地图测绘应用

（一）概况勘察

在测绘工作开始之前，要对测绘的区域进行简要勘察，主要勘察其地势地形、有无危险源、有无军事区等不适宜测量的区域。要采取实地勘察的模式，尽量减少对网络资料和陈旧资料的应用，力求准确真实，便于制订相关的测绘方案。使用无人机进行地图测绘的过程中，需要有数据网络和GPS信号的支持，也要注意勘察测绘区域是否满足该条件。测绘的过程中会进行图像采集，无人机图像采集范围较大，要确定在测绘区域内是否有不适宜拍照的场景，如监狱、军事管控区以及其他实验基地等。在勘察过程中，也要注意有无操作平台及无人机的起落点和相关人员的聚集点。如果测绘区域是远离市区的位置，还应注意生活区的建立，保障相关工作人员的后勤。在做好勘察工作并制订完备的方案，确定可以采用无人机测绘之后，才可进入下一步工作。

（二）无人机准备

首先是对使用的无人机进行全面了解，主要了解无人机的导航方式、续航能力、最大遥控高度和数据传输距离等。在无人机正式执行任务之前，要进行简单的测试。主要测试其最大续航能力、最大巡航高度和数据传输能力等，以避免在正式工作中出现失误。在进入现场之后，还要重新测试无人机的通信能力和导航能力。对于无人机的易损件，需要在每次工作之前和之后进行检查，保障其不带病工作，确保安全的同时能够保证工作效率和数据传输的稳定性。在携带无人机进入工作区域后，应及时确定工作区域的充电位置，以保障无人机在工作中的能源补充。

（三）巡航点和像控点选取

巡航点的设置主要针对无人机而言，除了传统意义上的巡航点之外，还需要设置起飞降落点和备降点。无人机具备自动导航功能，在相关手持终端上设置好巡航路线之后，无人机会自动按该路线执行飞行任务，并进行指定位置的图像采集。正常情况下，无人机接到指令后，会从当前位置起飞，然后到达第一个任务点后执行飞行任务，而后再去第二个巡航点执行任务，以此类推。当无人机结束了最后一个巡航点的任务之后会返回最初的起飞位置。

巡航点所连接成的线即为无人机执行任务的飞行路线，在进行飞行路线的规划时，最须注意的就是无人机的续航能力，是否能够满足任务的要求，对于往返的路程也要给无人机留出预备的能源空间，以应对其他突发情况。在进行续航能力测试时，也要注意其携带的设备是否会影响续航能力。除了正常的起飞降落点之外，还要给无人机设置备降点，当能源突然减少或出现其他情况不足以支撑无人机飞到起飞降落点的时候应采取备降的形式，防止无人机失联造成损失。

巡航点的选择应注意和测绘工作的区域一致，如果遇到难以测量的位置可采取低空辅助测量或其他形式辅助测量，不能因为几个巡航位置的改变而舍弃或更改整条线路。对于备降点，要充分进行勘察，当无人机触发备降动作时，其已经失去控制，备降动作通常是以最高高度飞行到指定坐标位置，然后垂直缓慢下降。这就要求选取的背景不能被障碍物遮挡，并且该点的信号强度要大，确保能够被无人机精准识别。

像控点是针对测绘而言的基础点，在选择和设立的过程中，也有诸多注意事项。像控点能够对无人机当前的坐标信息进行矫正，也是对数据采集可信度的反向验证。选择像控点应注意，该点的位置精确并且没有被遮挡，能够被无人机直接检测到。像控点也须设置多个，其间距不能够超过无人机最大续航里程的1/2，这样能够保证每次无人机执行任务时，均能够至少经过1个像控点。

（四）数据采集与整理

数据采集是整个地图测绘工作中的重点，若前期工作做好，在数据采集过程中所进行的工作就会变得简单。在数据采集的过程中，首先要将整体工作分解为若干个小的航线。在每个航行线路设置对应的巡航点，巡航点设置规则应遵循上文中所说的注意事项。在进行飞行工作之前，还要对无人机进行全面检查，然后就可以开始执行测量和采集工作了。通常无人机能够全自动完成测量和采集工作，在设置好巡航路径之后可将无人机设置为自动模式，这样无人机在对应的点会进行图像采集，所有的采集工作完成之后，即会飞回到最初的起飞点或飞行到备降点。

在工作区域选取和设立的过程中，应当注意所有的测区至少经过两次测量，这样能够保证测量的准确性，且要保证所有的航线并不是完全重合的，以便从多个角度获取同一个点的数据，这样在提高准确率的同时，也能为后期数据整理提供验算和参考的价值。在数据采集的工作中，应建立数据采集台账，每个测量点应至少对应两次测量。而后可以通过台账的方式去查验有无漏测的情况。

无人机飞行经过的点仅仅通过了测量区域，而是否对测量区域进行了有效的数据采集，还需要进行后期的整理工作确认。可对照无人机的飞行记录和采集数据台账进行图像筛选和对照。对于未采集到有效图像或采集到的图像不符合规定的点，应进行记录。对于图像漏采集的部分，应分析原因，探究无人机在该点是否因技术因素或设备影响造成了图像漏采。对于拍摄不清晰或无法体现有效信息的部位，应考虑是否从其他角度重新设置拍摄点。

（五）补测

在数据采集、测量和资料整理工作完成之后，应对照工作成果，整理出需要重新测量的区域，然后进行补测工作。补测工作通常在测量工作整理之后立即进行，以便数据采集的连续性。在补测时也应注意，所有的补测点至少经过两次的测量，且与正式测量工作中的相邻点也要进行重新测量。重新测量的目的，一方面是验证补测数据的准确性，另一方面也是对误差的纠正，防止因中间数据测量失误而对相邻数据产生不利影响。

补测工作通常是测量工作的最后环节。所以在补测工作进行之后，应及时检查整理所有的补测点是否补充到了有效合理的数据，且应及时验证其准确性。对于大部分测量工作而言，在进行补测工作之后即撤出外业场地。所以一定要保证数据的准确性，防止将来还须重新返回场地，造成时间的损失和成本的增加。

（六）内业整理、数据纠错

在拿到所有的测量点数据之后，就可以进行内业资料的整理了。内业整理过程中应注意分辨正式数据与废弃数据的标记，对于废弃数据及时舍弃，相关资料及时删除，防止后续工作或其他交接过程中误将错误数据整理进来。在进行倾斜摄影照片校正的过程中，应结合拍摄角度、拍摄时间、拍摄高度等多种参数，采取合适的校正工具和因子，保证倾斜摄影图像的还原。内业资料整理的过程中，同样要进行数据的验算工作，对于突然变化的坐标点或 GPS 信号极弱的位置，则考虑数据不可信，应采取其他正面或侧面的方式对该数据点进行验证，若发现误差较大，也应按废弃数据舍弃。在资料整理的过程中，还要注意目标工作的需求，对于需求数据可同步进行整理。

（七）地图绘制

数据整理完成后，即可进行地图的测绘工作。与传统地图测绘工作类似，数据来源通过无人机倾斜摄影技术进行采集，因此，数据处理与地图资料生成在本文中不做过多赘述。在进行地图数据生成时，应注意当地相关标准和国家地图规范，对于无人机采集到的不利于公开的数据，应在地图整理的过程中省略或舍弃，防止因工作失误造成其他不利影响。

三、倾斜摄影技术测绘优缺点简析

（一）操作便利，效率高

在传统测量工作中，无论是地面测量还是空中测量，均需要人的参与，但采用无人机倾斜摄影测绘技术，除了无人机操控人员之外，在外业工作过程中并不需要人的长时间参与，且测绘过程由无人机全自动完成，可由技术人员操控，多个无人机同时进行采集作业工作，这个过程是能够节约很大的人力成本的。

与过去空中测量不同的是，无人机属于民用飞行设备，不需要提前报备申请，也不会影响到民航线路或军事层面。同一技术人员可同时操控多架无人机，不同无人机可设置不同的巡航高度，且无人机本身的体积较小，因此，在起飞和降落的过程中对天气和环境因素几乎没有要求，大大提高了效率。

（二）术业专攻，内外业分离

采用无人机倾斜摄影测绘技术能够做到内业工作与外业工作的分离，进行外业工作的技术人员无须知晓地图测绘相关知识，将无人机按预设流程起飞，并完成地图测绘工作过程中的摄影作业即可。通过 5G 与互联网技术，能够做到无人机采集与内业技术人员实时数据交互。在进行采集作业的过程中，外业技术人员可听从内业技术人员的相关指导，准确无误地完成测绘作业，而无须像传统测绘技术一样，测绘人员须同时具备测绘知识和内业整理能力。

（三）操作简单，失误率小

当前倾斜摄影技术已经发展成熟，对于倾斜摄影所采集到的图像资料矫正也有了很便捷的操作流程。通过规范化操作，能够将倾斜摄影中采集到的图像精准还原，相比于传统人工测量精准度有着极大的提升。无人机倾斜摄影测绘技术也没有特别复杂的操作流程，将前期工作准备好之后，只须按预设路线放飞无人机即可，无人机可根据预设好的线路进行图像采集，并通过当前高度和角度实时对采集到的图像进行矫正完成传输，其余均可交由内业技术人员进行资料整理和筛选。

（四）局限性明显，不利于"地图开荒"

倾斜摄影测绘技术依赖无人机和数据网络系统。无人机的导航能力通常借助 GPS 系统实现，若有 GPS 信号未覆盖或信号较弱的位置，无人机可能无法顺利精准航行。如果待采集的区域被高大植被覆盖，无人机在空中也无法进行拍摄。

无人机的续航能力通常较短，所以在测量区域选择时应有完备的充电条件，以确保无人机顺利续航。无人机依靠数据网络进行传输，对于信号干扰较强的位置，也可能无法完成工作。在类似上述场景中，该技术目前还得不到有效的应用。

第六节 遥感技术在大比例尺地形图测绘中的应用

一、现代化遥感航测技术分析

现代遥感航测技术是多种先进技术的融合产物，将其应用于地图测绘工作，可以从本质上变更传统的地图测绘工作模式，显著提升地图测绘的工作效率及质量。在科学信息技术高速发展的背景下，遥感航测技术获得创新和优化，保证测绘效率，提高测绘结果的精准性，其实际分类构成如图 3-2 所示。

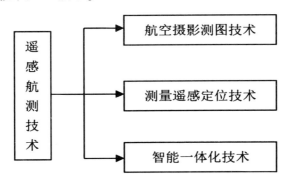

图 3-2 遥感航测技术实际分类构成

（一）航空摄影测图技术

在实际应用航空摄影测图技术时，主要是将摄影和航空技术融合，进一步开展地图测绘工作。为确保地图测绘成果的精准性，操作人员要严格依照相关规范和要求完成基准布设工作。随着航空航天技术的不断普及，涌现了大量的无人机，促使摄影与无人机技术融合，形成高精度、高效率的无人机航摄技术。在无人机上方安装摄像头，保证地图测绘实现自动化、远程化，技术操作人员可以实时操控无人机，以此获取多视角、多方位的拍摄图形，按照初期设定的图形比例，精准测量和计算拍摄图形，获得地图测绘数据。

（二）定位与测量遥感技术

遥感航测技术具有定位和测量的作用，地图测绘工作除地面作业，还包含高空作业，在高空作业时，须从高空向下俯视，完成测绘区域内的测绘工作。应用遥感航测技术可以显著提升整个测绘工作的效率及质量，遥感航测技术将遥感和航测技术有效融合，充分发挥二者的优势。此外，遥感技术通过利用波谱辨识地面事物，实现对物体的精准定位。

（三）智能一体化技术

遥感航测属于具有复杂性特征的技术，其融合多种技术优势、功能，可显著提升测绘工作的精密性和效率。智能一体化技术作为遥感航测技术应用的代表形式，主要通过智能化系统实现收集、处理、存储和加工各类数据，提高整个遥感航测工作的成效，并持续性延伸和拓展该技术的实际应用范围。

二、遥感航测技术在地图测绘中的应用优势

在地图测绘工作中应用遥感航测技术拥有多方面的优势，能够在显著提高测绘效率的同时保证测绘数据的完整、可靠，具体体现在以下几方面：

一是监测范围广。遥感航测技术能够满足大范围监测的基本要求，可动态化地利用远程监测功能调整整个监测范围，保证地图测量成果的精准性。除此之外，还可减少人力、资源等耗损，降低实际成本支出。

二是信息处理高效。在地图测绘过程中，遥感航测技术能够全方位监控被测区域，处理该区域内的信息数据，确保信息精准可靠。

三是测绘效率高。随着时间的推移，遥感航测技术逐步呈现智能化、自动化的发展趋势，能够进一步减少人力和时间的投入，短时间内便可完成地图测绘工作，提高整个测绘工作的效率。

四是经济性优良。遥感航测技术用于地图测绘时，设备实际投入成本较低，操作程序简易化，对人员进行简单培训后即可实践操作，节省大量的人工成本。

三、遥感航测技术在地图测绘中的应用

（一）动态化监测

动态化监测是遥感航测技术最具代表性的应用功能。整个飞行可远程化控制，实现完整、精准地收集地图测绘信息，并能自动化存储数据资料，再转化为最终所需的信息，为后续决策工作提供指导。在遥感航测技术应用背景下，利用地图测绘动态化监测功能可帮助操作人员直观、全面地掌握被测区域内的土地结构，将土地结构数据与历史测绘数据进行比对，为后续自然灾害防范提供参考。

（二）数字地图测绘和更新

数字地图测绘及更新是整个地图测绘工作的重要内容，相关部门应结合实际状况进行

地形图修补测和新测工作，对原有数据进行预先处理并明晰其存在的错漏点。修补测工作主要包含数据检查处理、野外巡查、控制测量等。在开展上述工作过程时，工作人员选用遥感航测技术，能够获得较佳的工作成效，包含以下几方面内容。

1. 野外巡查

遥感航测技术用于野外巡查时，主要是在相关任务范围内开展100%野外巡查，掌握野外修补测量范围，若变化较小范围内存在显著参照物，则选取测距仪或皮尺进行距离交会，确认变化地物的实际位置，补充各类遗漏地物，在难以精准性开展距离交会或大范围补测的过程中须完善全野外数字化测量。

2. 控制测量

应结合被测区域的实际状况，合理布设多个控制点，选取高精度的载波相位差分技术（Real-timekinematic，RTK），在测量范围内结合野外数字化测图需求布设图根，若部分区域无法选用该方法进行测绘，则选取常规图根布设。在 RTK 测图根控制作业实施之前，须在高等级控制点进行检测，满足相关精度后才能开展测量。观测过程中将三脚架对中、整平，每次观测的历元数量应超过 20 个，每个图根点都须进行两次单一性观测，取其均值为最终成果，RTK 图根控制测量的主要技术指标如表 3-1 所示。

表 3-1　RTK 图根测量主要技术要求

偏差项目	点位中误差	高程中误差	平面坐标转换残差	高程拟合残差	两次测量平面较差
偏差范围	±0.05m	±0.05m	±0.03m	±0.04m	±0.03m

3. 数字化成图

数字化成图对遥感航测技术应用的要求较高，布设测量站点时须利用较远的控制点标定方向，再利用另一控制点作为检核点，通常检核点偏差控制在合理范围内（±0.05 m），方可进行数据采集。

（三）正射影像图绘制

正射影像图内部含有大量的遥感影像，表现出一定的正射投影性质，需要通过多个工作流程才能形成相应的图像，以便提升地图测绘的效率及质量。遥感航测技术用于正射影像图绘制的过程主要包含以下流程：

控制点选取。控制点选择的目的是校正卫星遥感影像、航空像片，获取地理定位核心数据信息，其数量、质量直接与后续的影像校正质量密切相关。控制点主要包含平高点、平面点、检查点等。控制点布设是否合理与最终的图像成效息息相关，建议将其布设于纹理清晰、易定位的区域内。

全色波段数据正射纠正。遥感影像传感器的空中姿态、高度存在差异性，导致部分影像发生形变，数字纠正的关键在于纠正此类图像，获取具有地理编码的影像，用作地面控制资料，将数字影像投影至平面上方。遥感影像实际数字纠正包含二维和三维，二维纠正主要是依照地物点与地面相对应关系，通过多项式拟合达成，该方法较为简便，但存在一定的误差；三维纠正为微分纠正，结合成像模型综合性分析影像关键因素，采取严密的纠正方法，该方法具有较强的适应性，但计算过程较为复杂。

影像分辨率融合。数据融合主要是通过将多种类型的传感器所呈现的同一个区域内的数据进行融合，再将不同数据资料相互补充，选取最佳波段组合多光谱影像，与高分辨率全色影像融合，客观、精准地反映土地要素信息，增强实际测绘的精准性。

四、遥感航测技术在地图测绘中应用的注意事项

为确保地图测绘中遥感航测技术的应用成效，应积极结合实际状况，掌握各类应用的注意事项，严格把控各环节的操作质量。

首先，做好前期准备工作。为获取较佳的地图测绘工作成果，前期准备工作十分关键，主要包含两大方面。一方面，确定测绘区域。在应用遥感航测技术时，做好各区域划分工作，保证测绘区域明晰化，满足实际布设范围要求；须掌握划分区域的实际状况，包含地理位置、气候条件、地质因素等，将测绘误差降至最小。另一方面，选取测绘工具。综合考量测绘精准度、经济等因素，选取合适的测绘工具。

其次，确保充足的筛选基数。为提升地图测绘结果的精准度，技术人员须做好筹划工作，形成完善的测绘方案，全方位落实地图测绘工作，保证筛选基数的数量时刻处于充足状态。在充分结合地图测绘工作的基础上，利用遥感航测技术落实前期策划环节的工作，为后续测绘工作的高质量开展奠定基础。在地图测绘的过程中合理布控，确定地图测绘的精准方向，确保布设工作有序开展，增强整个测绘操作的规范性、科学性。

最后，精准处理数据。统计测绘结果数据为后续地图绘制工作的开展提供参考，在遥感航测技术应用过程中，严格依照相关规范和要求做好相关数据信息的获取和处理工作，实现数据分类和标准化。其一，数据分类。在数据进行正式分类的过程中，须做好数据针对性分析，筛选价值度较高的数据，落实数据分类，降低实际时间成本。其二，筛选错误数据信息。应做好数据格式等的检查和分析，及时筛除各类错误的数据信息，再将其直接转换为格式正确的数据。

第四章
地理信息系统工程

第一节　地理信息系统工程的概念与框架

一、GIS 工程的概念

（一）地理信息系统工程的定义

地理信息系统工程是随着 GIS 技术的应用而产生的一种新概念，目前对于地理信息系统工程还没有一个统一或公认的定义，用词也不尽相同。

一是地图制图学与地理信息系统工程是研究用地图图形科学地、抽象概括地反映自然界和人类社会各种现象的空间分布、相互联系及其动态变化，并对空间信息进行获取、智能抽象、存储、管理、分析、处理、可视化及其应用的一门科学与技术。从这个定义中可以看出，地理信息工程是对空间信息进行获取、智能抽象、存储、管理、分析、处理、可视化及其应用的一门科学与技术。

二是地理空间信息系统工程技术是在电子计算机技术、通信网络技术和地理空间信息技术的支持下，运用信息科学和系统工程理论及方法，描述和表达地球数据场及信息流的技术，是地理空间信息感知、采集、传输、存储与管理、分析、可视化与应用技术的总称。

三是地理信息系统工程是指应用 GIS 的理论和方法，结合计算机技术、现代测绘技术等，用于解决具体应用的软件系统工程。地理信息工程的开发建设和应用包括系统的最优设计、运行管理，以及资源配置管理，需要管理学、系统运筹学、软件工程等学科知识，因此，是一项系统工程。

四是 GIS 工程是应用系统原理和方法，针对特定的实际应用目的和统筹设计、优化、建设、评价、维护实用 GIS 系统的全部过程和步骤的统称。

前两个定义了地理信息系统工程技术，基本相同；后两个定义了地理信息系统工程，由于角度不同，稍有差别。

综合起来，本书认为地理信息系统工程是针对用户特定的实际应用目的和要求，应用GIS的理论和方法，结合计算机技术、现代测绘技术等，为用户建设一套管理和应用相关地理信息的计算机系统的工程。

简单地说，地理信息系统工程是一项综合运用GIS技术应用地理信息的工程。从系统工程的角度看，地理信息系统工程就是为特定的应用目标而建立地理信息系统的一项系统工程。

传统的工程学科，如水利工程、电力工程、建筑工程等，以及现代的工程学科，如气象工程、生物工程、计算机工程、软件工程等，是人类社会发展和技术进步的保障，而GIS工程是当今信息产业的支柱，它为地学、土地科学与管理、资源环境、城市规划与管理、国防军事等学科的研究，提供有效的技术支撑，为国民经济各部门的预测、规划与决策提供科学依据，在解决当今人口、资源、环境与社会经济的可持续发展以及在全球变化研究和对策制定中发挥着重要作用。

GIS工程是一项新型的工程，迫切需要相应的理论和方法的指导，GIS工程的研究在促进GIS的推广应用方面具有十分重要的意义。

（二）地理信息工程的内容

1. GIS工程工作内容

GIS工程主要涉及GIS工程的规划与组织、方案总体设计和详细设计、系统开发和测试、系统运行和维护等诸多方面。虽然GIS工程有很多种类，应用领域也不同，但是其建设过程和规范基本一致。

具体包括下述工作：

①根据项目要求，进行需求调查与分析，确定地理信息系统的建设原则、定位与时间基准，明确运行的地理数据，制定系统更新策略与管理机制。

②根据项目要求进行数据库设计，完成概念设计、逻辑结构设计、物理设计、数据字典设计、符号库设计、元数据库设计和数据库更新设计。

③根据系统设计，进行平台选择、软件开发和集成，进行样例数据的小区试验和系统功能的测试。

④根据项目要求和条件，实施数据库构建，进行数据准备、数据库模式创建、数据入库和质量检验工作。

⑤实施地理信息系统的整体测试、部署、交付与评价，并进行系统的运行、管理与

维护。

概括起来主要包括以下两项工作：

①GIS 工程规划与组织——业务工作。GIS 工程规划与组织是指 GIS 工程项目的规划、组织、管理、质量和进度控制以及项目验收等全过程。主要涉及以下几方面：确定工程项目的总体目标，可行性方案论证（包括现有技术、数据、人员、经费、风险等），招投标的组织与实施，系统开发组织和管理，系统运行与验收等。

②GIS 工程设计与建设——技术工作。当该工程项目通过立项、审批、招投标以及签订开发合同后，则进入项目的设计与开发阶段。整个阶段包括需求分析、总体设计、详细设计、编码实现、空间数据采集、空间数据建库、系统测试和运行等。

2. GIS 工程建设内容

GIS 工程建设涉及因素众多，概括起来可以分为硬件、软件、数据及人员。①硬件是构成地理信息系统的物理基础，包括计算机、图形图像输入/输出设备、网络设备等。②软件是地理信息系统的驱动模型，包括系统软件、地理信息系统基础软件和各种应用软件等。③数据是地理信息系统的血液和处理对象，也是地理信息系统效益和价值的体现，包括基础数据和各种专题数据等。④人员是地理信息系统的灵魂，包括系统的开发者（最高管理者和一般管理者、工程技术人员）、直接用户和潜在用户等。

其中，软件构筑于硬件之上，数据依赖于软件而存在，人员的作用贯穿整个地理信息系统工程之中。地理信息系统工程不管多么复杂，都由硬件、软件、数据和人员四大要素构成。因此，地理信息系统工程或 GIS 建设包括下述四个项目：

GIS 硬件建设：GIS 的硬件绝大部分是计算机的硬件和外围设备，个别硬件需要研制。所以，该项子工程的主要任务是根据 GIS 工程设计，选购满足 GIS 功能要求和性能指标的硬件，并进行安装和调试。

GIS 软件开发：该项子工程主要是根据 CIS 工程设计的要求进行 GIS 的详细设计，并选择合适的方法进行程序编写。

GIS 数据采集：该项子工程主要是根据 GIS 工程设计要求的数据内容和格式，进行 GIS 空间数据和属性数据的采集，并进行 GIS 数据处理与建库。

GIS 用户培训：主要是培训 GIS 用户使其掌握 GIS 工程的基础知识、软件使用方法和系统维护技术。

地理信息工程不同，各项建设项目所占的投资比例或工作量也不相同。例如，在应用于城市规划的地理信息工程中，GIS 软件开发占主要投资；在应用于土地管理的地理信息工程中，GIS 数据采集占绝大部分投资。工程最主要的建设内容为软件系统和地理数据两方面，所以，本书主要介绍软件设计与开发工程和数据采集与建库工程，这两项子工程以及 GIS 用户培训，GIS 硬件建设不做专门介绍。

（三）地理信息系统工程的特性

GIS 工程作为一个特殊的工程，它既有软件工程的共性，同时具有自身的特殊性：①地理信息系统工程面向具体应用，解决具体问题，因此具有较好的实用性；②地理信息系统工程具有行业应用特点，同一数据在不同行业应用中，对数据的组织不尽相同；③地理信息系统工程数据结构和算法复杂。空间数据海量、多类型、多尺度等复杂性，导致地理信息系统工程数据结构复杂，算法难度较大。

GIS 工程具有一定的广泛性。它是系统原理和方法在 GIS 工程建设领域内的具体应用。它的基本原理是系统工程，即从系统的观点出发，立足整体，统筹全局，又将系统分析和系统综合有机地结合起来，采用定量的或定性与定量相结合的方法，提供 GIS 工程的建设模式。

GIS 工程又具有相对的针对性。GIS 工程总是面向具体的应用而存在，它伴随着用户的背景、要求、能力、用途等诸多因素而发生变化。这一方面说明 GIS 具有很强的功用性，另一方面则要求从系统的高度抽象出符合一般 GIS 工程设计和建设的思路和模式，用以指导各种 GIS 工程建设。

GIS 工程具有下述特点：

①GIS 处理的空间数据，具有数据量大、实体种类繁多、实体间的关联复杂等特点。从内涵上讲，GIS 包含有图形数据、属性数据、拓扑数据；从形式上讲，包含有文本数据、图形数据、统计数据、表格数据，且数据结构复杂。所有数据皆以空间位置数据为主要核心，在图形数据库和属性数据库间相互联系，且以空间分析为主。因此，在 GIS 设计过程中，不仅需要对系统的业务流进行分析，更重要的是必须对系统所涉及的地理实体类型以及实体间的各种关系进行分析和描述，采用相关的地理数据模型进行科学的表达。

②以应用为主，类型多样。GIS 以应用为主要目标，针对不同领域，具有不同的 GIS，如土地信息系统、资源与环境信息系统、辅助规划系统、城市管理系统。不同的 GIS 具有不同的复杂性、功能和要求。

③GIS 工程设计不仅要考虑 GIS 的功能设计（空间数据管理、可视化和空间分析等功能），还需要考虑与 GIS 相关的业务办公自动化的功能，即如何将 GIS 嵌入 OA 的问题。例如，在设计地籍信息系统时，不仅要考虑对地籍信息管理的功能，也要考虑与地籍信息密切相关的土地登记业务自动化办公的需要。

④横跨多学科的边缘体系。GIS 是由计算机科学、测绘科学、地理科学、人工智能、专家系统、信息学等组成的边缘学科。

上述特点决定了 GIS 工程是一项十分复杂的系统工程,投资大、周期长、风险大、涉及部门繁多。它既具有一般工程所具有的共性,同时又具有自己的特殊性,在一个具体的 GIS 开发建设过程中,需要领导层、技术人员、数据拥有单位、各用户单位与开发单位的相互协同合作,涉及项目立项、系统调查、系统分析、系统设计、系统开发、系统运行和维护多阶段的逐步建设,需要进行资金调拨、人员配置、开发环境策划、开发进度控制等多方面的组织和管理。如何形成一套科学高效的方法,发展一套可行的开发工具,进行 GIS 的开发和建设,是获得理想 GIS 产品的关键和保证。

二、地理信息工程的三维结构

GIS 工程是以空间信息技术为支撑,以业务活动为主体,以现代化管理为指导思想的一项全新的、复杂的系统化工程。要对此项工程进行系统化的管理,不仅要依靠成熟的技术和方法,还要结合此类项目工程的社会、经济和文化的背景才能使项目取得成功。因此,GIS 工程也是一项大型复杂的系统工程,其框架结构也是多维的,符合 A. D. 霍尔(A.D.HILL)的三维结构。GIS 工程三维结构体系可由时间维、逻辑维和知识维构成。

(一) 地理信息工程的时间维

时间维反映了系统实现的过程,一项 GIS 工程项目,从制订规划起一直到完全交付用户使用为止,全部过程可分为八个阶段。

一是意向阶段——根据开发者与合作者双方意向,达成建立 GIS 系统的共识。

二是规划——阶段用户要求提出系统目标,制定规则。

三是调查研究阶段——进行系统可行性调查,根据规划进行各种指标设计。

四是总体方案形成阶段——根据以上阶段综合形成总体方案,指导下一步工作。

五是数据工程阶段——收集资料,空间数据库设计,数据采集、处理与建库。

六是软件工程阶段——进行系统详细设计,编写代码,开发软件。

七是系统集成阶段——硬、软件调试、联网、试运行;将系统安装完毕,并完成系统的运行计划。

八是系统运行阶段——系统按照预期的用途开展服务,系统维护、更新、消耗。

(二) 地理信息工程的逻辑维

逻辑维表示用系统工程方法解决问题的步骤。参照时间维的分布,可大致分为:明确目标、资料收集、建立评价体系、系统综合、系统分析、系统优化、决策制定、计划实施。

1. 明确目标

由于 GIS 工程研究的对象复杂，包含工程技术和社会、经济各个方面，而且研究对象本身的问题有时尚不清楚，如果是半结构性或非结构性问题也难以用结构模型定量表示。因此，系统开发的最初阶段首先要明确问题的性质，特别是在问题的形成和规划阶段，搞清楚要研究的是什么性质的问题，以便正确地设定问题；否则，以后的许多工作将会劳而无功，造成很大浪费。国内外学者在问题的设定方面提出了许多行之有效的方法，主要有直观的经验方法、预测法、结构模型法、多变量统计分析法等。由于 GIS 工程应用的广泛性，其涉及的领域多样、抽象且有很多方面很难用具体定量的指标进行描述，因此，适合 GIS 工程的方法一般有下述几种：

①直观的经验方法。

②结构模型法。

③多变量统计分析法。

上述方法在前文已有介绍，在这里不再赘述。

2. 资料收集

在明确目标的基础上，组织人力收集相关的资料。资料的加工结构即为 GIS 工程中流动的数据，数据的抽象结果形成信息。同时，资料的收集也为后期指标的设计准备了充足的素材。

资料的收集要注意下述几个问题。

①资料是否可靠。资料的高可靠性是资料价值的重要体现，只有可靠的资料才能反映出真实的事物本质。

②资料是否现势。信息系统是有很强的时效性的，保持资料的现势性才能保证信息的现势性。

③资料是否权威、合法。这是保证信息的权威性、公正性、合理性、合法性的前提。

3. 建立评价体系

评价体系要回答以下一些问题：评价指标如何定量化，评价中的主观成分和客观成分如何分离，如何进行综合评价，如何确定价值观问题等。行之有效的价值体系方法有下述几种：

①效用理论。该理论是从公理出发建立的价值理论体系，反映了人的偏好，建立了效用理论和效用函数，并发展为多属性和多隶属度效用函数。

②费用/效益分析法。多用于经济系统评价，如投资效果评价、项目可行性研究等。

③风险估计。在系统评价中，风险和安全性评价是一个重要内容，决策人对风险的态度也反映在效用函数上。在多个目标之间有冲突时，人们也常根据风险估计来进行折中

评价。

GIS 工程一般是巨额投资系统，用户往往在巨额投资面前产生犹豫、动摇，因此，必须建立科学的、有说服力的评价体系，打消用户的顾虑，同时也取得系统目标的优化。

4. 系统综合

系统综合是指在给定条件下，达到找到预期目标的手段或系统结构。一般来讲，按给定目标设计和规划的系统，在具体实施时总与原来的设想有些差异，需要通过对问题本质的深入理解，做出具体解决问题的替代方案，或通过典型实例的研究，构想出系统结构和简单易行的能实现目标要求的实施方案。

GIS 工程中，系统综合往往需要多次的反复，这需要结合用户的需求，借助计算机工具完成，GIS 工程中通常采用完成某个小规模应用模块或样区试验达到经验的系统结构及实施方案，进而推广到全部系统领域。

5. 系统分析

不论是工程技术问题还是社会环境问题，系统分析首先要对所研究的对象进行描述，建模的方法和仿真技术是常采用的方法，对难以用数学模型表达的社会系统和生物系统等，也常用定性和定量相结合的方法来描述。系统分析的主要内容涉及下述几方面：

①系统变量的选择。用于描述系统主要状态及其演变过程的是一组状态变量和决策变量。因此，系统分析首先要选择出能反映问题本质的变量，并区分内生变量和外生变量，用灵敏度分析法可区别各个变量对系统命题的影响程度，并对变量进行筛选。

②建模和仿真。在状态变量选定后，要根据客观事物的具体特点确定变量间的相互依存和制约关系，即构造状态平衡方程式得出描述系统特征的数学模型。在系统内部结构不清楚的情况下，可用输入输出的统计数据得出关系式，构造出系统模型。系统对象抽象成模型后就可进行仿真，找出更普遍、更集中和更深刻反映系统本质的特征和演变趋势。

6. 系统优化

所谓优化，就是在约束条件规定的可行域内，从多种可行方案中得出最优解或满意解。

实践中要根据问题的特点选用适当的最优化方法。对于容易抽象的数学模型和目标函数的小型实用系统可以采用线性规划和动态规划的方法。但对于大型复杂的应用系统，则可采用组合优化的方法或逐次逼近法。另外，GIS 工程往往是多目标的，可以将多目标的问题加权转换成单目标求解或按目标的重要性排序，逐次求解。

7. 决策制定

在系统分析和系统综合的基础上，人们可根据主观偏好、主观效用和主观概率做决策，决策的本质反映了人的主观认识能力，因此，就必然受到人的主观认识能力的限制。

近年来，决策支持系统受到人们的重视，系统分析者将各种数据、条件、模型和算法放在决策支持系统中，该系统甚至包含了有推理演绎功能的知识库，使决策者在做出主观决策后，力图从决策支持系统中尽快得到效果反应，以求得到主观判断和客观效果的一致决策，支持系统在一定条件下起到决策科学化和合理化的作用。但是在真实的决策中，被决策对象往往包含许多不确定因素和难以描述的现象，例如，社会环境和人的行为不可能都抽象成数学模型，即使是使用了专家系统，也不可能将逻辑推演、综合和论证的过程做到像人的大脑那样有创造性的思维，也无法判断许多随机因素。因此，GIS 工程决策主张采用群决策方式，尽管这种方式决策周期长，但可以克服某些个人决策中主观判断的失误。

8. 计划实施

依据决策开始计划实施，由此转入 GIS 工程的具体建设过程。大型 GIS 工程开发，涉及设计、开发、测试、联网、试运行、维护等多个环节，每个环节又涉及组织大量的人、财、物。在具体实施中可以采用计划评审技术（PERT）和关键路线法（CPM）指导计划的实施。

（三）地理信息工程的知识维

GIS 工程体系中的另一个特征——知识维则表示 GIS 作为一个大型信息系统所可能涉及的领域。它随着系统的具体形态而变化。从总体来看可包括计算机科学、测绘遥感学、地理学、社会科学、用户知识、信息论、应用数学、管理科学等。

GIS 是现代科学技术发展和社会需求的产物，是包括自然科学、工程技术、社会科学等多种学科交叉的产物。它将传统科学与现代技术相结合，为各种涉及空间数据分析的学科提供了新的方法，而这些学科的发展都不同程度地提供了一些构成地理信息系统的技术与方法。为了更好地设计和实施地理信息工程，有必要认识和理解与地理信息系统相关的学科。

1. 测绘遥感学

GIS 与测绘学有着密切的关系。现代测绘学是研究地球有关的基础空间信息采集、处理、显示、管理和应用的科学与技术，测绘学科的应用范围和对象已从单纯的控制、测图扩大到国家经济、国防建设以及社会可持续发展中与地理空间信息有关的各个领域。测绘学及其分支学科，如大地测量学、摄影测量学、地图制图学等不但为 GIS 提供了高精度、快速、可靠、廉价的基础地理空间数据，而且其误差理论、地图投影与变换理论、图形学理论等许多相关的算法可直接用于 GIS 空间数据的变换处理，并促使 GIS 向更高层次发展。

遥感是一种不通过直接接触目标物而获得信息的新兴探测技术。它作为一种空间数据

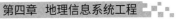

采集手段已成为地理信息系统的主要信息源与数据更新手段。此外，GIS 还可用于基于知识的遥感影像分析。总之，遥感与 GIS 都是地理信息应用的重要技术。

2. 地理学

地理学是以地域单元来研究人类居住的地球及其部分区域，研究人类环境的结构、功能、演化以及人地关系。在地理学研究中，空间分析的理论和方法为地理信息系统提供空间分析的基本观点与方法。

自然界与人类存在深刻的信息联系，地理学家所面对的是一个形体的即自然的地理世界，而感受到的却是一个地理信息世界。地理研究实际上是基于这个与真实世界并存而且在信息意义上等价的信息世界，GIS 提供了解决地理问题的全新的技术手段，即以地理信息世界表达地理现实世界，可以真实、快速地模拟各种自然的和思维的过程，对地理研究和预测具有十分重要的作用。如果说地图是地理学的第二代语言，那么地理信息系统就是地理学的第三代语言。

3. 信息论

信息论是研究信息的产生、获取、变换、传输、存贮、处理识别及利用的学科。地理信息作为一种信息，也遵循信息论的规律，所以研究地理信息工程，也应该具备信息论的知识。

4. 计算机科学

地理信息系统技术的创立和发展是与地理空间信息的表达、处理、分析和应用手段的不断发展分不开的。地理信息系统与计算机的数据库技术、计算机辅助设计技术、计算机辅助制图和计算机图形学等有着密切关系。计算机图形学是 GIS 图形算法设计的基础，数据库管理系统是各种类型信息系统包括 GIS 的核心，数据库的一些基本技术，如数据模型、数据存储、数据检索等，都在 GIS 中被广泛采用。

5. 数学

数学的许多分支，尤其是几何学、图论、拓扑学、统计学、决策优化方法等被广泛应用于 GIS 空间数据的分析。

6. 管理学

管理学的理论和技术可以广泛应用于地理信息的管理，也可应用于地理信息工程的管理。

7. 社会科学

地理信息的相互联系决定了对每一种地理信息的分析都需要地理信息及相关的知识，这些知识就包括社会科学，它包括环境科学、城市科学等。

8. 用户知识

用户知识是 GIS 应用领域的知识，GIS 工程人员只有深入了解用户的知识才能与用户进行良好的沟通，全面掌握用户的需求。所以，它是 GIS 工程人员必须了解的知识，这有助于工程的设计与实施。

对于这些可能涉及的领域，必须有相应的人才储备作为保证才能使 CIS 工程向着科学的轨道前进。从根本上讲，GIS 工程是计算机科学展开的。测绘遥感学为 GIS 工程提供基础空间数据。基础空间数据是其他空间数据的定位基础，同时由于它要素众多，逻辑关系复杂，应用频度极高，因而是 GIS 空间数据库中极为重要的数据库之一。从应用角度看，基础空间数据库广泛应用于规划设计、土方量算、竖向设计、工程选址等领域，这些是测绘基础理论在 GIS 中的体现。其他相关学科则为填充 GIS 工程所涉及的领域空白提供相应的服务。

GIS 工程所研究的对象是由人工系统和自然系统组成的复合系统。显然，对自然地貌、人文特征信息的采集和描述属自然系统，而对社会、经济乃至政治方面的描述属人工系统。GIS 工程研究的人对自然的合理利用、改造是从系统的角度为人类对自然的贡献提供高科技的工具和手段。

GIS 工程是实体设计和概念设计的有机统一体。实体设计是指对以物理状态存在的各系统组成要素进行统筹设计，在 GIS 工程中表现为计算机主体处理设备、数据输入/输出设备、网络通信设备、运行环境设备等。系统的设计应充分考虑先进性、实用性、经济性、可靠性、适合国情的原则。系统的概念设计则是对组成系统的概念、原理、方法、计划、制度、程序等非物质实体的设计，其所涉及的范围属软科学体系，应遵循软科学设计的原理和准则。大型 GIS 工程的实体设计和概念设计是相互交融的。实体系统是概念系统的基础，而概念系统又往往对实体系统提供指导和服务，两者的完美设计才是工程的合理化表现。

第二节　地理信息系统工程的总体设计

一、GIS 体系结构设计

GIS 体系结构设计是从系统建设的目的出发，遵循先进性、科学规范性、可操作性、可扩展性和安全性的设计原则，设计系统的体系结构，内容包括系统构建的关键技术、数据及数据库体系结构设计、接口设计、模块体系设计、工程建设的软硬件环境设计、系统组网及安全性设计等。

地理信息工程总体设计阶段还应该选择合适的软硬件配置，要充分考虑每个 GIS 工程提出的海量数据存储、系统的伸缩性、系统的开放性、多用户并发访问、网络环境等需求。

（一）系统运行方式设计（网络结构功能设计或软件结构设计）

软件（结构）系统运行方式可以是单机版也可以是网络版，若是网络版，那么是 C/S 还是 B/S，应该有几个数据库、几个客户端或浏览器，它们分别应处在什么位置。

软件结构设计包括对网络的结构、功能两方面的设计。例如，城市规划与国土信息系统中，基础信息、规划管理、土地管理、市政管线、房地产管理、建筑设计管理各子系统间存在数据共享和功能调用关系，由于各自针对不同的部门使用，就要求设计相应的网络结构，实现相互间及其与总系统的联网，同时，城市规划与国土信息系统也可能与城市经济信息系统联网。

1. C/S 结构

C/S 模式的应用系统基本运行关系体现为"请求—响应"的应答模式。每当用户需要访问服务器时就由客户机发出"请求"，服务器接受"请求"并"响应"，然后执行相应的服务，把执行结果送回给客户机，由它进一步处理后再提交给用户。C/S 系统其核心是服务器集中管理数据资源，接收客户机请求并将查询结果发送给客户机；同时客户机具有自主的控制能力和计算能力，向服务器发送请求，接收结果。由于网络上流动的仅仅是请求信息和结果信息，所以流量大大地降低了，这就是 C/S 系统的目的。

2. B/S 结构

B/S 结构是将 C/S 模式的结构与 Web 技术密切结合而形成的三层体系结构。第一层客户机是用户与整个系统的接口。客户的应用程序精简到一个通用的浏览器软件，如微软公司的 IE 等。浏览器将 HTML 代码转化成图文并茂的网页。网页还具备一定的交互功能，允许用户在网页提供的申请表上输入信息提交给后台并提出处理请求。这个后台就是第二层的 Web 服务器。第二层 Web 服务器将启动相应的进程来响应这一请求，并动态生成一串 HTML 代码，其中嵌入处理的结果，返回给客户机的浏览器；如果客户机提交的请求包括数据的存取，Web 服务器还须与数据库服务器协同完成这一处理工作。第三层数据库服务器的任务类似 C/S 模式，负责协调不同的 Web 服务器发出的 SQL 请求管理数据库。

3. 两种结构体系的比较

在 B/S 和 C/S 的比较中，各自在某些方面有优势。任何一个项目或任何一种方案，都要分析实现的内容和它将要面对的最终用户的性质。在很多跨区域的大型 GIS 中，经常是包含二者。正是 C/S 的某些不足才开发了 B/S，而 B/S 同样也不是完美无缺的，在很多地方需要它们互补。举例来讲，如果管理计算机组的主要工作是查询和决策，录入工作比较少，所以采用 B/S 模式比较合适；而对于其他工作组需要较快的存储速度和较多的录入，交互性比较强，可采用 C/S 模式。

（二）软件配置与硬件网络架构设计

硬件包括计算机、存储设备、数字化仪、绘图仪、打印机及其他外部设备。要说明其型号、数量、内存等性能指标，画出硬件设备配置图。

软件包括说明与硬件设备协调的系统软件、开发平台软件等。

1. 软件配置

通常 GIS 对软件要求较高，一般选择业界广泛使用的跨平台的操作系统作为数据管理和权限管理的平台，采用 Windows 操作系统作为管理信息系统和数据检索系统的平台。采用 Unix 和 Oracle 等分别作为服务器系统和运行数据库的支撑平台，采用 Windows NT 和 J2EE 的开发体系，利用成熟的控件和组件开发应用功能。

基础平台的选择应满足以下几方面的要求：①图像、图形与 DEM 三库一体化及面向对象的数据模型；②海量、无缝、多尺度空间数据库管理；③动态、多维与空间数据可视化；④基于网络的 C/S、B/S 系统（WebGIS）；⑤数据融合与信息融合；⑥空间数据挖掘与知识发现；⑦地理信息公共服务（联邦数据库）与互操作。

对于中、小型基础地理信息系统，选用的系统应成熟健壮，能提供高效、安全、可靠、灵活且基于开放标准的环境，支持 C/S、B/S 体系结构，支持多种网络协议，支持事实上的工业标准 TCP/IP 协议集和 SNMP 协议，支持国际通用的大型分布式数据库管理系统（如 ORACLE、INFORMIX、DB2），支持各种网络技术，包括以太网、快速以太网、FDDI、ATM 及令牌网技术等，支持所有的计算机开发语言和图形工具，支持强大的网络管理功能，支持 INTERNET 互联网技术，选择具备数据自动备份和迁移的数据存储和备份系统，配合数据库管理系统，以满足海量地理数据的存储管理和备份需要。

2. 硬件及网络环境设计

GIS 一般都要存储大量的数据，对地理数据选取和处理时，又要进行大量的计算，因此，系统对计算机 CPU 的运算速度、存储容量、图形处理等能力有较高的要求。根据 GIS 数据量大、图形图像处理计算量大、要求具有高速 CPU 处理能力等特点，服务器可采用 64 位操作系统和系统模块化设计，采用热插拔硬件更换技术、冗余电源和冷却系统及系统监控技术。采用共享公共部件设计，其处理器、磁盘驱动器、电源和内存等部件都是通用的，可以在不同的服务器之间互换，便于服务器的维护与升级。除服务器外，系统可根据数据库建库工作的实际需要，选择部门级的微机服务器作为数据库系统平台，以提高系统的运行效率和构建的灵活性。

存储系统设备以三级存储方式（在线、近线、离线）为主，以数据存储为中心设计局域网，对数据建库、更新、运行管理、分发服务、海量数据存储、备份等提供策略。根据数据库最终建成后的数据总量、系统规模和需求，可选择自动磁带库作为近线存储设备，磁盘阵列作为在线实时运行数据存储设备。

局域网网络服务器一般可采用 Unix 或 Windows NT 操作系统，网络主干采用高性能交换机负责内部 IP 地址过滤、访问控制、虚拟局域网和网管。局域网可采用双星形结构（主干交换机冗余）。全网密钥管理（2~3 层密钥结构：主密钥、密钥加密密钥、数据加密密钥）、信息加密，通过网络安全隔离计算机控制涉密与非涉密网段之间的信息交流。

（三）GIS 系统安全设计

1. 网络的安全与保密

计算机网络的重要功能是资源共享和通信。网络的安全性指的是保证数据和程序等资源安全可靠，对资源进行保护以免受到破坏。保密性主要是指对某些资源或信息需要加以保密，不允许泄露给他人。

2. 应用系统的安全措施

应用系统的安全与系统设计和实现关系密切。应用系统通过应用平台的安全服务来保证基本安全，如信息内容安全、通信安全、通信双方的认证等。

3. 数据备份和恢复机制

数据备份是数据安全的一个重要方面。为了能够恢复修改前的状态，数据库的操作要具有：①恢复：在出错时可回到修改前状态。②备份：数据库修改后，原数据应有备份，这种备份又分为安全备份和增量式备份。

系统在数据备份和恢复方面考虑的主要问题是采取有效的数据备份策略。原则上，数据应至少有一套备份数据，即同时应至少保存两套数据，并异地存放。针对不同的业务需要，资料复制有两种方式：同步复制和异步复制。

备份管理包括备份的可计划性、备份设备的自动化操作、历史记录的保存以及日志记录等。事实上，备份管理是一个全面的概念，它不仅包含制度的制定和存储介质的管理，还能决定引进设备技术，如备份技术的选择、备份设备的选择、介质的选择乃至软件技术的选择等。备份管理是备份过程中非常重要的一个环节，是数据备份的一个重要组成部分。

4. 用户管理

用户管理包括权限设置和管理。权限设置包括权限对象的维护和分配。权限对象是用来从不同的方面对系统的安全做维护的对象，它包括以下两个部分：功能权限和数据权限。系统权限对象的种类和数目比较多，如果把数据库中的每一种权限对象都对一个指定的用户或角色进行授权，会增加管理员的工作量。所以数据库的权限管理分为两个部分：权限提取和用户授权。

二、GIS 工程建设方案设计

（一）GIS 软件开发方案设计

1. 系统功能设计

GIS 工程中 GIS 作为核心软件一般应具有下述基本功能：

①数据输入模块：具有图形图像输入、属性数据输入、数据导入等功能。

②数据编辑模块：具有数字化坐标修改、属性文件修改、结点检错、多边形内点检错、结点匹配和元数据修改等功能。

③数据处理模块：具有拓扑关系生成、属性文件建立（含扩充、拆分和合并）、坐标系统转换、地图投影变换和矢量与栅格数据转换等功能。

④数据查询模块：具有按空间范围检索、按图形查属性和按属性查图形（单一条件或组合条件）等功能。

⑤空间分析模块：具有叠置分析、缓冲区分析、邻近分析、拓扑分析、统计分析、回归分析、聚类分析、地形因子分析、网络分析与资源分配等功能。

⑥数据输出与制图模块：具有矢量绘图、栅格绘图、报表输出、数据导出、统计制图、专题制图及三维动态模拟和显示等功能。

根据 GIS 的系统需求分析结果，除具有 GIS 软件系统的基础功能外，还应具有其特殊的专业应用功能，一般包括基础数据管理、通用数据查询、桌面业务处理、机助专题制图、辅助分析决策、动态数据交换、网络信息发布、运行维护管理八类功能。

功能设计一般是根据系统分析中给出的数据流设计出功能关系图，并对每个功能进行较为详细的描述，包括功能表现、功能输入、功能输出。

2. 模块体系设计

在模块体系设计中论述系统的模块划分以及模块间的相互关系，并给出各模块的物理实现（组件、插件、服务、DLL 动态库、可执行文件等）及各文件的部署位置。用表格或框图形式说明本系统的系统元素（各层模块、子程序、共用程序等）的标示符和功能，分层次地给出各元素之间的控制与被控制关系。

主要设计包括以下内容：

（1）进行各子系统或模块的划分与功能描述

按照 GIS 各功能的聚散程度和耦合程度、用户职能部门的划分、处理过程的相似性、数据资源的共享程度将 GIS 划分为若干子系统或若干功能模块，构成系统总体结构图，并对各子系统或模块的功能进行描述。

（2）模块或子系统间的接口设计

各子系统或模块作为整个 GIS 的一部分，相互间在功能调用、信息共享、信息传递方面存在或多或少的联系，应对其接口方式、权限设置进行设计。例如，一个城市规划与国土信息系统可划分为基础信息、规划管理、土地管理、市政管线、房地产管理、建筑设计管理等子系统，相互间都要共享有关基础数据、规划数据、市政管线数据、地籍数据，同时存在相互的调用，应对调用方式、数据共享权限做出严格规定与设计。

（3）输入输出与数据存储要求

对新建 GIS 输入、输出的种类、形式要求以及对数据库的用途、组织方式、数据共享、文件种类做一般说明，详细内容在详细设计中考虑。

在总体设计阶段，各模块还处于黑盒子状态，模块通过外部特征标示符（如名字）进行输入和输出。使用黑盒子的概念，设计人员可以站在比较高的层次上进行思考，从而避免过早地陷入具体的条件逻辑、算法和过程步骤等实现细节，以便更好地确定模块和模块间的结构。

3. 开发策略规定

根据用户的需求、技术水平、资金等因素，也可能采用不同的开发方法。不同的开发方法的技术要求、开发过程、经费、进度等都有不同的要求，可做如下分类：

（1）全部自行开发

全部自行开发即从底层一次开发，根据系统需要的功能，编写所有的程序。用这种方式建立的系统外壳，其各组成部分之间的联系最为紧密，综合程度和操作效率最高。这是因为程序员可以对程序的各个方面进行总体控制。但由于地理信息系统的复杂性，工作量十分庞大，开发周期长，并且其稳定性和可靠性难以保证。地理信息系统发展初期一般采用这种方案，但目前地理信息系统开发已很少采用这种方案。

（2）全部利用现有软件

全部利用现有软件即借助某个 GIS 平台二次开发，目前商业化的地理信息系统通用软件和 DBMS 已经很成熟，模型库管理系统还在发展中，但模型分析软件包很多。编写接口程序把购买的现有软件结合起来，建成系统外壳。用这种方式开发系统外壳的周期短、工作量小，系统的稳定性和可靠性高，开发者可以把精力集中在特定的专业应用上。缺点是结构松散，系统显得有些臃肿，操作效率和系统功能利用率低。这种方案目前采用较多。

（3）自行开发部分软件来建设系统外壳

这种方案分为两种情况：其一，购买地理信息系统通用软件和 DBMS 软件，编写专业分析模型软件和接口软件，开发模型库管理信息系统；其二，利用软件商提供的地理信息系统开发工具，如 SDE（ESRI 提供）以及应用接口工具 API，结合其他开发工具进行开发。前者在目前的大型实用地理信心系统开发中采用较多。后者在目前可用来开发小型实用性地理信息系统。

（二）GIS 数据工程方案设计

GIS 数据工程设计主要是根据系统分析的结果确定 GIS 数据的内容和框架，也要初步设计数据管理和数据采集的方案。

1. 数据内容和框架设计

（1）GIS 数据内容设计

根据系统分析中给出的数据字典导出 GIS 空间数据库最终需求的数据，也就是 GIS 运行中需要的各种数据，它包括三方面的数据：GIS 管理的地理实体（或现象）的空间数据和属性数据；与其密切相关的基础地理信息数据；与其密切相关的业务运行数据（相关的规定资料）。当然还需要划定这些数据的地理范围、时间和内容范围。

（2）基础地理框架设计

GIS 中的数据主要是空间数据，而空间数据最基本的特征就是比例尺、坐标系和投影类型等，它们也是 GIS 空间数据的数学基础框架。因此，需要确定 GIS 空间数据的数学基础。比例尺的选择根据 GIS 数据管理规模的大小及详细程度，适用范围等因素确定，根据经验一般情况下可参照表 4-1 确定，选择的原则应以图面表示的内容能够满足系统对信息的需求为准。坐标系统和投影类型尽量选用国家统一的坐标系统及其投影。

表 4-1　空间数据比例尺选择

系统规模	比例尺	系统规模	比例尺	系统规模	比例尺
国家级	1：50 万~1：100 万	地市级	1：1 万~1：5 万	城市近郊	1：1 000~1：2 000
省级	1：10 万~1：25 万	外围	1：2 000~1：5 000	城区	1：500~1：1 000

在用地理信息系统研究一个区域的地学问题建立应用型 GIS 或专题 GIS 时，为了反映研究对象的地理位置及其地理环境，并用地理要素进行应用分析，需要地理底图。地理底图通常有三种形式：一种是遥感图像，一种是数字线画图，另一种则是数字高程模型。

在以遥感图像或栅格为主要信息表达手段的系统中，通常需要叠加行政区划、河流和交通等地理信息（如在计算应用面积和确定区域时），这些地理信息就构成了该系统的地理底图，有时则以数字高程模型为地理底图（如在分析水土流失时，需要根据坡度来分

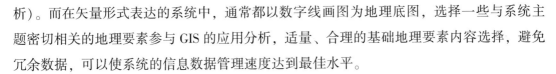

析）。而在矢量形式表达的系统中，通常都以数字线画图为地理底图，选择一些与系统主题密切相关的地理要素参与 GIS 的应用分析，适量、合理的基础地理要素内容选择，避免冗余数据，可以使系统的信息数据管理速度达到最佳水平。

（3）数据规范化和标准化

数据信息的规范化和标准化是数据流调查分析的依据和建立地理信息系统逻辑模型的基础，所以，要对 GIS 数据进行命名规范、编码标准、分层分幅标准以及属性表等数据进行标准化和规范化设计。数据规范化和标准化研究的内容包括空间定位框架、数据分类标准、数据编码系统、数据字典、文件命名规范、汉字符号标准、数据记录格式等。

2. 数据管理方案的设计

GIS 数据管理一直是 GIS 研究的核心内容。空间数据不仅要表达空间实体的点、线、面特征，而且要对实体间的拓扑关系进行描述，同时还要建立图形信息与属性信息的关联。GIS 数据管理研究的主要内容是如何正确对以上内容进行描述并有效实现庞大信息量和检索速度的协调。目前 GIS 的数据模型有两种：①混合数据模型，其空间数据采用拓扑数据模型进行定义，属性数据采用关系数据模型进行定义，这种混合数据模型兼顾了空间数据与非空间数据的特点，有效实现了两类数据的联合操作、处理和管理。而且空间拓扑关系的建立极大地方便了 GIS 空间操作分析功能的实现。②面向对象的 GIS 数据模型。空间数据与属性数据均采用关系数据库模型进行表达，其优点是基于空间实体，数据结构简单，数据检索和处理速度快。

3. 数据采集方案的设计

GIS 数据可从现有资料（统计资料、法律法规以及过去的调查成果等）中采集，也可通过对地观测来采集，也可两者结合来采集。而对地观测采集又可分为以下三种方法：以地图或影像为底图进行调绘的方法（例如电信设施调查和农村土地利用现状调查）；大地测量的方法（城镇地籍调查和城市部件调查）；遥感影像解译的方法（水资源调查和森林资源调查）。

第三节　GIS 数据的采集与处理

一、GIS 数据采集

（一）基础地理数据采集方法

制作专题地图时需要先编制地理底图，同样在开发应用型地理信息系统时也需要采集基础地理数据。作为统一的空间定位、空间框架和空间分析基础的地理信息数据，不同的应用型 GIS 对基础地理信息数据的使用或要求是不同的，有些应用型 GIS 只需要某些基础地理要素参与空间分析，而需要某些基础地理要素作为背景，例如地籍信息系统通常需要建筑物作为面参与土地容积率的计算和分析，数字城管系统则需要将道路既作为面，又作为线参与城管查询和分析，而其他要素只作为背景使用。所以，应用型 GIS 通常使用的基础地理数据主要包括矢量和栅格的两种形式。一般情况下，参与分析的基础地理要素都是矢量的，而作为背景的基础地理要素可以是矢量的（通常都是以地图的形式），也可以是栅格的（通常都是正射影像图），也有用数字高程模型参与空间分析的。

1. 基础地理数据的采集

基础地理数据主要来源于以下三种方式：现有地形图或基础地理信息数据库，全野外测绘，摄影测量等。

（1）从现有数据中采集

与我们常见的专题地图相比，地形图是全面反映地理信息的一种地图，图中内容全面均衡且精度较高，所以是最主要的基础地理数据源。过去大部分地形图都是纸质的，需要用数字化的方式进行采集，而现在大部分的地形图都是数字形式的或已经建成基础地理信息数据库，所以现在从现有数据中采集基础地理数据就变得非常简单了，只要从现有的数字地形图或基础地理信息数据库中加工提取即可。

对于少数的纸质地形图，一般都采用屏幕矢量化的方式采集，即将原有的纸质地形图扫描后数字化。

（2）全野外测绘采集

全野外数据采集是全站仪、实时动态 GPS 等技术在现场逐点采集要素特征点的 X，Y，H 坐标，经室内编辑成图，特点是成图精度高、质量好，但成本高。适用于面积较小的区域的数据采集。

（3）航空摄影测量采集

利用全数字摄影测量系统（DPS）采集数据，它是大面积数据采集和更新的主要手段。特点是速度快、成本低、可生产多种数字产品。随着实时摄影测量技术的完善和低空摄影技术的普及，摄影测量技术在基础地理数据采集中将发挥越来越大的作用。

2. 数字高程模型的生产

有些应用型 GIS 需要数字高程模型作为基础地理要素（如在分析水土流失时，需要根据坡度来分析）。小区域的 DEM 可使用全站仪或 RTKGPS 在现场采集一些地形特征点生成 DEM，大区域的 DEM 生产的常规方法有以下两种：

（1）地形图等高线扫描数字化

地形图等高线扫描数字化的生产流程如图 4-1 所示。

这种方法利用原有基础地理数据资料，如果使用的资料现势性和测绘质量均较好，则可以获得数学精度较高的 DEM。其缺点主要有：①自动化程度不高。尤其是对于线画密集的彩色地图，目前使用的线画跟踪法和数学形态学方法都显得不够强壮，对于注记字符识别的智能水平也不高，效率较低。②高程值内插失真。用现在的内插方法建立的 DEM 都无法保证在经过内插获得的等高线不失真。③DEM 的现势性不高。由于现有地形图一般测图时间较早，地形的变化现状难以得到反映。

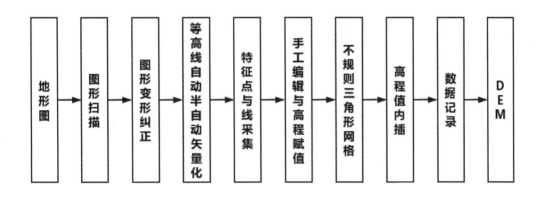

图 4-1　地形图等高线扫描数字化的生产流程

（2）采用全数字化摄影测量的方法

该方法生产流程见图 4-2，目前国内大部分 DEM 的生产采用这种办法。

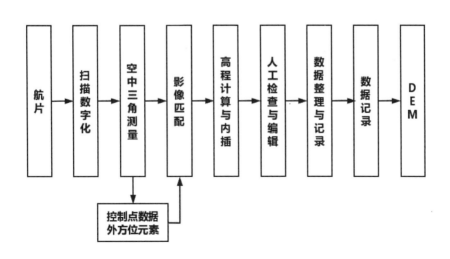

图 4-2　航测法 DEM 生产

此种方法适用于面积较大区域的 DEM 生产，DEM 是 DOM 生成的支撑数据，在数字摄影测量系统中，DEM 可自动生成，经编辑加工后可获得 DEM 产品。其特点是效率高、速度快。

这种方法的缺点是：①影像匹配的可靠性问题尚未彻底解决，还需要用人工的方法检查匹配结果中的粗差，予以改正；②高程内插的智能化水平不高，存在着与地图数字化类似的问题，即当有若干观测值点后，如何智能地选择不同的函数内插待定点的高程值；③航测的原始资料是航空影像，而航空摄影受天气等因素制约较大。

除上述方法之外，生产 DEM 还有以下方法：

①卫星三线阵影像立体测图。这种同轨的三线阵数据能构成良好的立体影像，采用与航空摄影测量相同的原理方法生产相应精度的 DEM。

②微波遥感。用合成孔径雷达（SAR）影像采用 IN-SAR（干涉雷达）技术或 DIN-SAR（动态差分干涉雷达）技术生产 DEM，不受天气条件限制。

③机载激光测高。LIDAR（激光测距仪）和 IMU（惯性测量装置）GPS 集成，可以直接构建地面数字高程模型。

3. 数字正射影像图的制作

影像资料由于其多时相、直观和易得的优势，除了行政界线和地物名称等抽象要素外，影像图能够较全面地反映地面上地物的空间信息和基本特征。所以正射影像图（DOM）正越来越多地被当作基础地理数据使用。

大面积区域 DOM 生产，目前主要有下列两种方法：

（1）航测法

由航摄影像片生产 DOM，其生产流程如图 4-3 所示。

这种方法的优点是可在获取 DEM 和 DRG 的同时获取 DOM，可以制作大比例尺 DOM。

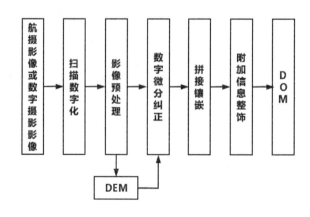

图 4-3　航测法 DOM 生产

这种方法存在的主要问题是：①大比例尺影像中高层建筑图像处理困难；②航空摄影受天气等因素制约较大。

（2）卫星影像生产 DOM

由卫星影像生产 DOM 的生产流程如图 4-4 所示。

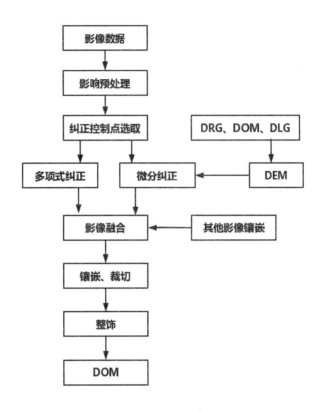

图 4-4　卫星影像生产 DOM

这种方法的特点是作业覆盖面积大，速度效率最佳。这种方法存在的主要问题是：控制点选取误差较大。因为卫星影像大多是非立体影像，无法像航空影像那样可以立体观测刺点，而人工作业中普遍选刺点精度偏低。应研究推广图像图形匹配方法代替人工选刺控制点的方法。

遥感数据以三种方式输入地理信息系统数据库：①直接输入遥感图像，作为 GIS 的一个图层。尤其是对于城市 GIS，常采用大比例尺正射影像作为基础背景图层，其他图层的矢量实体则可选择并叠合于影像之上，可获取对区域景观和有关空间特征非常直观的视觉效果，如果进一步叠合数字高程数据则可获得区域景观三维可视化效果。②直接输入分类遥感图像，创建栅格图像专题图层。这种方式主要用于栅格结构地理信息系统。③将分类遥感图像转换为矢量专题图层。通常由不同时相遥感图像分类处理并转换的专题信息将时间序列构成不同的专题图层，供动态检测与综合分析使用。如通过将土地资源及植被遥感分类结果与已知数据进行比较、变化监测和综合分析，研究区域环境的变化等。

（二）现有资料提取法

1. 现有资料的内容

从现有资料中提取 CIS 数据是最经济的数据采集方法，能够提取 GIS 数据的现有资料包括以下几种：

（1）地图

各种类型的地图是 GIS 最主要的数据源，因为地图是地理数据的传统描述形式，是具有共同的参考坐标系统的点、线、面的二维平面形式的表示，内容丰富，图上实体间的空间关系直观，而且实体的类别或属性可以用各种不同的符号加以识别和表示。我国大多数的 GIS 其图形数据大部分都来自地图。但地图也有现势性差和可能需要投影转换的缺点。

（2）统计数据

国民经济的各种统计数据常常也是 GIS 的数据源，如人口数量、人口构成、国民生产总值等。

（3）数字数据

目前，随着各种专题地图的制作和各种 GIS 的建立，直接获取数字图形数据和属性数据的可能性越来越大。数字数据也成为 GIS 信息源中不可缺少的一部分。但对数字数据的采用须注意数据格式的转换和数据精度、可信度的问题。

（4）各种报告和立法文件

各种报告和立法文件在一些管理类的 GIS 中有很大的应用，如在城市规划管理信息系统中，各种城市管理法规及规划报告在规划管理中起着很大的作用。

2. 现有资料的评价

对现有资料必须进行分析和评价后才能从中提取 GIS 数据，评价内容一般包括：①数据的一般评价。数据是否为电子版、是否为标准形式、是否可直接被 GIS 使用、是否为原始数据、是否为可替代数据、是否与其他数据一致等。②数据的空间特性。空间特征的表示形式是否一致（如 GIS 点、大地控制测量点等），空间地理数据的系列性（不同地区信息的衔接、边界匹配问题）等。③属性数据特征的评价。属性数据的存在性、属性数据与空间位置的匹配性、属性数据的编码系统及属性数据的现势性等。

3. 现有资料的处理

根据系统的信息需求确定数据源，按照数据不同来源，研究其数量、质量、精度和时间特征以及与数据规范化和标准化基本要求相吻合的程度，确定数据处理的内容、范围和方法。

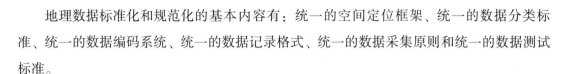

地理数据标准化和规范化的基本内容有：统一的空间定位框架、统一的数据分类标准、统一的数据编码系统、统一的数据记录格式、统一的数据采集原则和统一的数据测试标准。

（三）解译调绘采集法

1. 室内解译法

遥感数据成为 GIS 的重要数据源，已广泛应用于中小比例尺基础地理信息数据库和地形图的更新，目前高分辨率遥感也可用于大比例尺空间数据采集，并在资源调查、生态环境监测等领域广泛应用。它为地理信息系统动态连续地提供资源、环境等区域空间信息，增强了系统进行动态分析、趋势分析与区域发展辅助决策的能力。

遥感的核心问题就是不同地物的反射辐射或发射辐射在各种遥感图像上的表现特征的判别，不同的目的需要考虑遥感成像方式或者选择波段，这样才能使不同地物在图像特征上区别开来。遥感图像上地物的日视识别主要根据图像像素的灰度和在不同光谱段的变化，以及相同或相近灰度的像素集合的图形形状、色调、结构、颜色等特征。

GIS 数据主要以矢量结构表达点、线、多边形等实体单元及其相互关系，遥感则以像元作为数据处理的单元，遥感信息经分类识别即解译后，地物空间特征，包括面状实体边界、线状实体、点状实体等经过提取处理可按照一定的数据结构存入 GIS 空间数据库；相应地，所识别的地物属性类型则存入有关属性数据库。遥感影像的解译有自动解译和目视解译两种，但目前较多的是目视解译，它包括以下几个步骤：

（1）图像处理

对正射影像图分类和后处理。

（2）资料分析

室内解译前可广泛收集与调查区域有关的资料，如以往的调查图件资料或数据库、自然地理状况、交通图、水利图、河流湖泊分布图、农作物分布图、地名图等。这些资料不论精确或粗略，都会对室内判读有参考价值。

（3）室内解译

室内解译采用的方式有直接目视判读标绘、立体（具备立体像对时）判读标绘以及直接利用已有的数据库与调查底图（DOM）套合解译及标绘。依据影像对界线进行调整标绘。通过室内解译，从影像中判读出地类和界线，并标绘在调查底图上。对影像不够清晰或室内无法判读的地类或界线，由野外补充调查确定。

（4）外业实地核实和补充调查

外业之前，首先要计划核实和补充调查路线、核实和补充调查重点以及一般查看的内容，做到心中有数，既要对内业解译内容进行全面核实和补充调查，保证成果质量，又要突出重点，提高工作效率，发挥内业解译的作用。

这种方法首先在室内直接对影像进行解译，将认为能够确认的地类和界线、不能够确认的地类或界线、无法解译的影像等，用不同的线画、颜色、符号、注记等形式（根据自己的习惯自行设定）都标绘在调查底图上。然后到实地，将内业标绘的地类、界线等内容逐一进行核实、修正或补充调查，将内业解译正确的予以肯定，不正确的予以修正，新增加的地物予以补测，并用规定的线画、符号在调查底图上标绘出来，将地物属性标注在调查底图或填写在调查记录手簿上。

这种方法可以将大量外业调绘工作转入室内完成，减轻外业调绘的劳动强度和提高调绘的工效，这是遥感应用于数据采集的重要优势。

对于遥感图像中获取的图像信息，一个像元记录的信号代表了整个像元范围内的平均反射值。通常，遥感数据精度取决于图像分辨率——像元大小。由栅格图像向矢量数据转换的解译可能出现的位置误差取决于矢量实体在各图像栅格中的位置，对于某一地理信息系统来说，首先应根据其应用目的和区域范围内与模型分析有关专题的实体分布特征确定"最小制图单元"，再选择具有适用空间分辨率的遥感图像。

2. 野外调绘法

野外调绘法是持调查底图直接到实地，将影像所反映的地类信息与实地状况一一对照、识别，将各种地类的位置、界线用规定的线画、符号在调查底图上标绘出来，将地物属性标注在调查底图或填写在调查记录手簿上，最终获得能够反映调查区域内的原始调查图件和资料，作为内业数据库建设的依据。这种调绘方法主要作业都是在外业实地进行，因此称为野外调绘法。下面就以土地调查为例介绍野外调绘数据采集法。

野外调绘包括四个主要方面的内容：①当影像上地类界线与实地一致时，将地类界线直接调绘到调查底图上；②当实地地物与影像不一致时，采用实地测量方法，将地物补测到调查底图上；③当有设计图、竣工图等有关资料时，可将新增地物的地类界线直接补测在底图上，但必须实地核实确认；④将地物的属性标注在调查底图或调查记录手簿上。

野外调绘法的优点是，调绘工作一次性全部完成，准确度高，但缺点是用时较长且工作强度较大，适用于影像分辨率较低、影像现势性不强、影像解译能力较差和调查经验不足人员使用。

野外调绘中，外业实地调查是土地调查不可忽视的重要阶段，外业调查方法、程序、步骤因人而异，不尽相同，但选择合理的方法、程序、步骤，对保证调查质量和提高调查效率、减轻劳动强度，将发挥重要作用。

（四）摄影测量采集法

1. 摄影测量数据采集方式

目前，空间数据的采集主要使用数字摄影测量方式，它所依据的主要理论、生产流程以及作业方式与模拟摄影测量、解析摄影测量等基本相同，都是采用不同的方式利用摄影像片在室内构建地面立体模型进行信息的采集，所不同的是数字摄影测量是完全在数字影像的基础上采用"数字相关"技术进行各种定向和解算，用自动相关、匹配与模式识别等技术进行量测生产，用计算机代替大部分的人工生产工作。因此，全数字摄影测量不再依赖复杂昂贵的光学仪器，而主要取决于计算机软硬件的性能，更加灵活和方便。

具体地说，数字摄影测量是以立体数字影像为基础，由计算机进行影像处理和影像匹配，自动识别相应像点及坐标，运用解析摄影测量的方法来确定所摄物体的三维坐标，并输出数字高程模型（DEM）和正射数字影像，或图解线画等高线图和带等高线的正射影像图等。这就意味着利用数字摄影测量技术，可以建立起立体像对模型，然后生成数字高程模型。这时不仅可以进行三维立体浏览，还可以由数字高程模型求得真实的地表面积，也可以根据规则格网自动绘制等高线，生成地形图，计算坡长、体积，制作正射影像图，进行 DEM 虚拟地面模型演示等。

数字摄影测量对数字影像的计算机全自动化数字处理方法包括自动影像匹配与定位、自动影像判读与识别两大部分。前者通过各类算法对数字影像进行分析、处理、特征提取和影像匹配，来进行空间几何定位，建立 DEM 以及进行矢量数据和 DOM 的生产，或者用于生产专题图等；后者则通过各种模式识别方法提取图像的语义信息，对数字图像进行分类、分级，由于这些技术的采用极大地推动了摄影测量自动化的进程，可以实现框标识别——内定向的自动化，特征点的识别与匹配——相对定向的自动化，基于灰度的整体匹配——断面扫描的自动化以及地物（如道路、房屋）的自动化或半自动化提取。

少数单位可能还使用解析测图仪进行数据采集，解析摄影测量的数据采集一般利用以下两种方式：

（1）利用解析测图仪进行机助测图

解析测图仪从研制、实用到面向 GIS 的数据采集已发展到第三阶段，其特点是数字测图，为地形数据库和地理信息系统进行数据采集。它不再是仅由测量仪器厂家生产的测量专用仪器，而是计算机的一个外部设备，一个用于从像片采集数据的设备。这种发展并不在于解析测图仪的光机部分，而在于其强有力的支撑软件。一种倾向是在一个数据库系统管理和支持下的数据采集。例如德国的 P 系列解析测图仪是在所谓 PHODIS 的摄影测量与制图软件支持下用以建立和管理地图数据库，并可把数据传送到其他的 GIS 系统。其作业方式一般采用脱机绘图的方式，即在数据采集之后，进行交互图形编辑，然后再进行脱机绘图或将数字产品送入地形数据库或地理信息系统。

（2）将模拟型仪器改造成机助测图系统

改造可按机助与机控两种方式进行。按机助方式改造，简单易行，费用较低；按机控方式改造，可提高仪器的精度，减轻作业人员的劳动强度。

①将立体坐标仪加装编码器，通过接口与计算机连接。接口功能包括数/模转换、数据传输等。它适合于较大比例尺测图的离散点数据采集，但不适合于大量的曲线数据采集。

②将立体测图仪加装编码器，通过接口与计算机连接。接口功能除了模/数转换、数据传输外，还应能支持各种方式的数据采集。

③将模拟测图仪改装成解析测图仪，通过数字投影器与计算机连接。数字投影器除了具有接口的功能外，主要还要实时地完成共线方程解算与伺服驱动。

2. 摄影测量数据采集流程

目前，应用航空摄影测量进行公路勘测设计已经广泛应用于生产实践中，与传统的公路勘测设计手段相比，航测方法可以获得大面积与实地相似的立体模型和地形图，有利于在大区域内进行路线多方案比选，而且可以保证地形图的成图精度，特别是对人烟稀少、气候恶劣和地形困难地区，效果尤为明显。同时，航测数模技术作为地形原始数据采集的最有效手段，在路线设计自动化系统中起着愈来愈重要的作用。下面我们就以公路勘测设计为例，介绍航空摄影测量数据采集的主要步骤。

①像片的定向，在航测解析测图仪上要进行解析内定向、相对定向与绝对定向或一步定向；在机助的立体坐标仪上也要经过上述定向；在机助立体测图仪上，其内定向与相对定向依然与传统模拟测图相同，但需要进行解析绝对定向。

②在像片定向之后，要输入一些基本参数，如测图比例尺、图幅的图廓点坐标、测图窗口参数等。

③为了形成最终形式的库存数据，必须给不同的目标（地物）以不同的属性代码（或特征码），因而量测每一地物之前必须输入属性码。数据采集应尽量按地物类别进行，在对每一类地物进行采集前只输入该地物的属性码一次，而不必每测一个地物就输入一次，直到要量测不同的地物，再输入新的特征码，比如先采集居民点，后采集道路。

④逐点量测地物的每一个应记录的点，或对地物或地貌（等高线等）进行跟踪，由系统确定点的记录与否。

⑤当发现错误时，进行联机编辑。联机编辑应包括删除、修改、增补等基本功能，以满足较简单的编辑工作。联机编辑不应过多，以避免降低测图仪的利用效率。

⑥所测数据应以图形方式显示在计算机屏幕上，以便随时监视量测结果的正确与否。重复以上特征码输入及地物量测过程，直至一个立体模型的数据全部采集完。

用航测方法从航片上采集的原始地形数据是用于公路勘测设计的基本数据，这些数据由解析测图仪测量得到，以数据文件的方式记录在解析测图仪配置的计算机中，通过接口传到 PC 中。数据采集的精度，主要取决于航测方案的设计、外业控制测量以及仪器的精密度等因素。为了保证航测采集数据的精度，在作业过程中要加强对建模过程的质量控制，满足相对定向精度、绝对定向精度要求。量测时测标必须切准地面，根据地形等高线点串、注记点、地形断裂线点串等各类数据的特点不同，量测时静态与动态采集结合进行。为保证数据精度，作业员对相同点的动态与静态采集，二次采集的精度应有具体精度指标。对最终数据成果，亦可根据航测合同中规定的精度要求，野外实测抽查一些点，对达不到精度要求的，要详细分析其误差产生的原因，以确定是否能补测、重测，以确保数据能正确反映地面的实际变化。

（五）外业实测采集法

目前来看，外业实测方法基本采用全站仪、实时动态 GPS（real time kinetic GPS，RTK GPS）等技术在现场逐点采集要素特征点的 x、y、H 坐标，特点是精度高、质量好，但成本高，适用于面积较小区域的数据采集。该方法主要应用于地籍信息（主要是界址点）的采集、城市部件调查、电力资源调查等。

1. 全站仪测量法

根据精度要求的不同，下面以地籍测量中界址点的测量（精度要求较高的一类）方法和城市部件调查中碎部点测量（精度要求较低的一类）为例介绍采用全站仪进行数据采集的方法。

（1）界址点的测量方法

界址点坐标是在某一特定的坐标系中界址点地理位置的数学表达。它是确定宗地地理位置的依据，是量算宗地面积的基础数据。界址点坐标对实地的界址点起着法律上的保护作用，所以一般来讲，在城镇地籍调查中，城镇地籍信息系统对界址点的定位精度与其调查底图的测绘精度相比，是比较高的。城镇地籍测量对界址点测量的点位中误差的要求为不大于±0.05m，是其调查底图 1：500 地形图对地物特征点点位中误差要求的 1/5。

界址点测量的外业实施一般分为前期资料准备、野外测量实施和观测成果内业整理。

（2）城市部件调查碎部点测量

在城市部件调查中，把各种井盖、路灯、电杆、行树和绿地等地理实体统称为城市部件，城市部件调查的数据采集主要是测量这些地理实体的位置和形状。数字化城市管理系统对城市部件空间数据的定位精度与其调查底图的测绘精度相比，是非常低的。例如，城市部件调查对空间位置或边界明确的部件，如井盖、灯等点状部件的点位中误差的要求为不大于±0.5m，而其调查底图 1：500 地形图对点状地物的点位中误差的要求则为不大于±0.25m。可以看出，部件调查精度要求要比界址点测量低得多，相应地，在外业采集步骤上也会有一些不同。

2. GPS 测量法

GPS 在测量领域的应用，主要是采用两种测量定位方式，即 GPS 静态相对定位模式和载波相位动态相对定位（RTK）模式。一般来讲，具体到地理空间数据的采集，主要是利用 GPS RTK 技术。RTK 技术能够快速地获得地面点的三维信息，受环境影响较小、机动灵活、实时快速，可以进行直接或辅助地面数据的采集。它具有速度快、精度高、费用省等特点，RTK 测量结果经过简单处理即可导入数据采集软件中，从而快速地生产出规范的数据来。同时，GPS RTK 技术相对全站仪采集法，可以不受通视条件的约束，在野外山高林密的测区，仍然可以快速准确地进行外业数据采集。

外业数据采集主要包括控制点测量和碎部测量，其中碎部测量有两种方式：①先利用 GPS RTK 测量图根控制点，再利用全站仪进行碎部测量；②直接利用 GPS RTK 进行碎部点测量。

（六）GIS 属性数据采集

所有的地理实体都具有某种或某些属性。属性数据又称语义数据、非几何数据，是描述实体数据的属性特征的数据，包括定性数据和定量数据。定性数据用来描述要素的分类或对要素进行标名，定量数据是说明要素的性质、特征或强度的，如距离、面积、人口、产量、收入、流速以及温度和高程等。尽管在数字化输入地理实体的定位数据的同时，可以采集和输入它们的属性数据，但通常属性数据是分开输入的。例如，在城市部件调查中，不仅要采集城市部件的空间数据，还需要调查其管理部门、权属部门、维护部门和状态等属性信息，对城市部件进行确权。在城镇地籍调查中，除了要测量界址点的坐标从而确定宗地的空间位置和面积外，还需要调查宗地的权利人、权属性质、土地利用类型和四至等属性信息。

1. 属性数据的采集方式

（1）键盘输入方式

属性数据可以从键盘输入计算机数据文件中，或者直接输入数据库（Foxpro、Access 等）中。某些 GIS 项目还设计特定形式的、具有数据类型约束的数据输入表用于输入属性数据（如 Mapinfo 软件设计的是 Table 表等）。属性数据大多数以表的形式输入，表的行表示地理实体，列表示属性。属性数据表必须有一个能与定位数据相关联的关键字（如地理实体的唯一标识码）。

（2）人机对话方式

用程序批量输入或辅助于字符识别软件输入。

（3）注记识别转换输入方式

地图上的某些注记往往是对实体目标数量、质量特性描述的属性信息，通过扫描后自动识别获得这些信息后转储到属性表中。

2. 属性数据采集流程

（1）准备工作

属性数据的获取，有时是一个长期而复杂的过程。它们可能是分散在许多不同的传统登记簿和文件中，因此，最初获取的数据可能需要许多不同的机构共同进行组织。例如，登记一个县里所有的集体土地所有权人时，需要整个地区全部乡镇中的土地部门提供相关的土地数据。

同时，地理实体的属性信息不像其空间特征那么直观，需要到相关的部门查阅资料和询问相关的人员，而且必须保证调查得到的信息完整和准确。例如，在城市部件调查中，由于城市基础设施和公用设施建设得不规范或多样化，许多城市部件很难界定其名称，这样就更难以调查其他属性信息了，在有些城市，即使是同一种城市部件，在不同的区域其管理部门、权属部门和维护部门等属性信息也不相同，为调查增加了难度。在城镇地籍调查中，权属界线的调查与核实是调查工作中最难的事情，既要确定权属界线的位置，又要求界线两侧的权利人认可并签字，有时由于土地权属纠纷的主观原因和找不到权利人的客观原因，调查工作就更困难了。

许多情况下，已经按照法令和规则对属性数据进行了组织。例如在管理宗地记录方面，不同地区拥有自己的规则。另外一些情况下，很有必要使用当地的知识对新的现场记录进行补充。只有当一个合适的采集策略可以被使用或者指定为初始步骤的时候，才可以高效地采集数据。一个常用的方法是完善各种不同的形式，要么先手工记录在纸上然后再通过微机输入，要么将它们保存在文件中然后直接在膝上型电脑或微机上通过键盘进行输入。近年来，基于penpad，联合使用GIS对属性数据进行现场记录已经非常普遍。

当然，这种形式的数据字段应当与数据库中的数据字段相符。记录过程应当明确，并且需要针对所有的数据变化，以保证数据总是位于正确的数据字段中。例如，在城市地下管网信息系统的建设中，不同专业管道系统有可能拥有不同的记录方式和数据结构，这种情况下，我们就需要一个系统化的数据结构。而这些管道的属性数据的获取常常需要进行现场核实，一般包括下到一个下水道内去描述或拍摄细节情况，疏通管道的确定方向和会合处，测量和对准，熟读旧的文件和图表来确认尺寸和材料等细节。对于管道数据，单凭经验来说，每一个下水道需要 30 分钟，还有额外的时间要花费在测量各种管线上。一旦这些数据采集和组织到列表、表格和地图中，就应该输入 CIS 中。

从以上的描述可以看出，属性数据的采集是一项高强度的工作。在开始进行采集之前完成彻底的数据结构化是非常重要的，而在进行结构化时，必须将重点放在优先级的确定上，也就是确定哪些数据需要采集——理论上，在采集成本方面最有价值的那些数据具有较高的优先级，那些对成本不是很有价值的数据则具有较低的优先级。

（2）数据的输入与组织

在 GIS 中输入数据的一个很方便的方式是在膝上型电脑或个人电脑中使用一个数据库应用程序来输入初始的记录，然后将数据库文件输入 GIS 中。

同时，在表格中应该留有空间去容纳所有数据字段中的格式确认信息，要保证文本输入文本数据字段，只有数字才被输入一个数字数据字段，并且输入值的大小限制在规定的范围内。输入属性数据时，在屏幕中调出地图数据的图形显示有时候会比较有利，可以配合图形输入属性。只要数据是以计算机表达的表格形式存在，它们就可以直接被输入。需要注意的是，不同的数据采集项目也许对属性数据录入时的要求不同，比如城市管线资源管理系统数据采集对地图属性数据及地理名称录入就有明确而具体的要求，各种新注记的字体根据性质不同应用不同的字体或不同的颜色，同一类型的地名字体大小和字隔应一致。名称注记排列一般以水平字列和垂直字列为主。使用雁行字排列时，应注意字隔要均匀，倾斜角度要一致。地理名称录入时，所有门牌号、楼层数、栋号、单元号、房号均用阿拉伯数字表示。所以，在对属性数据输入时要具体情况具体对待。

属性数据的组织有文件系统、层次结构、网络结构与关系数据库管理系统等。目前被广泛采用的主要是关系数据库。在关系表中存储管理属性数据，首先要定义表头，即对字段的名称、数据类型、表达长度规定好，然后创建表格，通过数据插入、批量导入等操作接受属性数据的输入。属性表建立后，还要指定关键字字段、外关键字字段，对于复杂的大容量属性表还要建立索引。

（3）数据的编辑

数据的编辑一般是在属性数据输入 GIS 之前的检查和确认。自动确认功能一般只能揭示形式误差。而错误的信息，比如一个输入名称字段中的错误名称也许只能通过手工校对来发现。通常可以很容易地发现主要误差和无意义的文本，但是却很难发现不正确的拼写、倒置、疏漏以及其他不易被察觉的错误。比如在城市部件调查中，对城市道路名的记录，这种错误是很常见的。因此，通过将分类的列表打印输出，然后再由一个副本读者一行一行地进行检查，会是一种更好的确认属性数据的方法。

尽管这项工作需要大量的手工工作，而且非常耗费时间，但是对删除输入数据中的错误非常重要。

一旦数字化地图数据和属性数据经过确认、纠正并且输入 GIS 中，就应该对那些关联数据库的标示符进行检查，所有缺少的标示符都应该标注出来。由于输入的属性数据中的地图数据编码存在误差或者错误（在法定字段内），在 GIS 中执行的检查将不会识别出不正确的连接。经验表明，属性记录的用途在很大程度上取决于数据的质量。如果用户不能依赖数据，那么数据将不会被使用。对数据的主动使用经常会暴露错误，这进一步强调了数据质量的重要意义。

二、GIS 数据处理

（一）GIS 数据处理概述

GIS 数据主要分为基础地理空间数据和专题地理数据，其中基础地理空间数据是专题要素的定位依据，并说明专题要素与周围环境之间的联系，为专业数据的分析和展现提供基础地理背景。作为背景的基础地理要素只要是地图数据即可，通常不需要做任何加工处理即可满足要求，参与空间分析的基础地理要素则需要进行加工处理才能满足要求。一般情况下要做以下几项处理：

一是删除不需要的要素。

二是将需要的要素按照系统要求进行处理，例如将所有的建筑物封闭成面，将道路构建成线，也构建成面等。

三是将地图数据格式转换成 GIS 数据格式。

专题地理数据是用户管理对象的信息，是 GIS 管理的主要对象，是 GIS 数据处理的主要对象。

GIS 数据中，有些专题地理数据是已有的电子数据，有些则是通过上述介绍的各种方法采集到的，但基础地理空间数据和多媒体数据通常都是已有的电子数据。若将地图数据、遥感图像数据、GPS 数据、摄影测量数据、统计数据、文本数据、多媒体数据等数据源转换成 GIS 可以处理与接收的数字形式，通常需要经过验证、修改编辑等处理。

为了保证系统数据的规范和统一，建立满足用户需求和计算机能处理的数据文件是很重要的。所谓数据处理，是指对数据进行收集、筛选、排序、归并、转换、检索、计算以及分析、模拟和预测的操作，其目的就是把数据转换成便于观察、分析、传输或进一步处理的形式，为空间决策服务。

（二）GIS 数据处理流程

空间数据编辑和处理是 GIS 的重要功能之一。数据处理涉及的内容很广，主要取决于原始数据的特点和用户的具体需求。一般有数据变换、数据重构、数据提取等内容。数据处理是针对数据本身完成的操作，不涉及内容的分析。空间数据的处理也可称为数据形式的操作。

1. 数据处理的内容

尽管随着数据的不同和用户要求的不同，空间数据处理的过程和步骤也会有所不同，但其主要内容始终是包括数据编辑（包括误差识别和纠正）、数据结构的转换、比例尺的变换、坐标系统及地图投影转换、数据编码和压缩、空间数据类型转换、空间数据插值、图幅边缘匹配、多源空间数据的整合等方面。

（1）数据预处理

数据预处理主要是指数据的误差或错误的检查与编辑。通过矢量数字化或扫描数字化所获取的原始空间数据，都不可避免地存在着错误或误差，属性数据在建库输入时，也难免会存在错误。因此，在对图形数据和属性数据处理前，进行一定的检查、编辑是很有必要的。

图像数据和属性数据的误差主要包括以下几方面：①空间数据的不完整或重复。主要包括空间点、线、面数据的丢失或重复，区域中心点的遗漏、栅格数据矢量化时引起的断线等。②空间数据位置的不准确。主要包括空间点位的不准确、线段过长或过短、线段的断裂、相邻多边形结点的不重合等。③空间数据的比例尺不准确。④空间数据的变形。⑤空间属性和数据连接错误。⑥属性数据不完整。

对于空间数据的不完整或位置的误差，主要是利用 GIS 的图形编辑功能，如删除（目标、属性、坐标）、修改（平移、拷贝、连接、分裂、合并、整饰）、插入等进行处理。

（2）地图投影与坐标系统的转换

在地图录入完毕后，经常需要进行投影变换，得到经纬度参照系下的地图。对各种投影进行坐标变换的原因主要是输入时的地图是一种投影，而输出的地图产物是另外一种投影。

空间数据坐标变换的实质是建立两个平面点之间的一一对应关系，包括几何纠正和投影转换，它们是空间数据处理的基本内容之一。对于数字化地图数据，由于设备坐标系与用户确定的坐标系不一致，以及由于数字化原图图纸发生变形等，需要对数字化原图的数据进行坐标系转换和变形误差的消除。有时，不同来源的地图还存在地图比例尺的差异，因此还需要进行地图比例尺的统一。

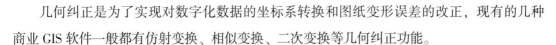

几何纠正是为了实现对数字化数据的坐标系转换和图纸变形误差的改正，现有的几种商业 GIS 软件一般都有仿射变换、相似变换、二次变换等几何纠正功能。

仿射变换是 GIS 数据处理中使用最多的一种几何纠正方法。它的主要特性为：同时考虑到 x 和 y 方向上的变形，因此，纠正后的坐标数据在不同方向上的长度比将发生变化。仿射变换在不同的方向可以有不同的压缩和扩张，可以将球变为椭球，将正方形变为平行四边形。

坐标变换中选取的控制点，应该均匀地分布在地图上，并且控制点位置处的表格坐标和投影坐标已知，如果有 1~2 个控制点的误差较大，则坐标转换不能进行，需要重新计算匹配精度。一旦匹配精度得到满足，则表格坐标将转化为投影坐标。

（3）图像纠正

图像纠正的对象主要是指通过扫描得到的地形图和遥感图像。由于遥感影像本身就存在着几何变形、地形图受介质及存放条件限制、扫描过程中工作人员的操作误差（如扫描时，地形图或遥感影像没被压紧）等，图像会产生一定的变形，须进行图像纠正。

对扫描得到的图像进行纠正，主要是建立要纠正的图像与标准的地形图或地形图的理论数值或纠正过的正射影像之间的变换关系。目前，主要的变换函数有仿射变换、双线性变换、平方变换、双平方变换、立方变换、四阶多项式变换等，具体采用哪一种，则要根据纠正图像的变形情况、所在区域的地理特征及所选点数来决定。具体算法和图形变换基本相同。

地形图的纠正采用四点纠正法或逐网格纠正法。四点纠正法一般是根据选定的数学变换函数，输入须纠正地形图的图幅的行列号、地形图的比例尺、图幅名称等，生成标准图廓，分别采集四个图廓控制点坐标来完成。逐网格纠正法是在四点纠正法不能满足精度要求的情况下采用的。这种方法和四点纠正法的不同点就在于采样点数目的不同，它是逐方里网进行的，也就是说，对每一个方里网，都要采点。采点的顺序是先采源点（须纠正的地形图），后采目标点（标准图廓）；先采图廓点和控制点，后采方里网点。

遥感图像的纠正一般选用和遥感图像比例尺相近的地形图或正射影像图作为变换标准，选用合适的变换函数，分别在要纠正的遥感图像和标准地形图或正射影像图上采集同名地物点。采点时，要先采源点（影像），后采集目标点（地形图）。选点时，要注意选点的均匀分布，点不能太多。如果在选点时没有注意点位的分布或点太多，这样不但不能保证精度，反而会使影像产生变形。另外，选点时，点位应选明显的固定地物点，如水渠或道路交叉点、桥梁等，尽量不要选河床易变动的河流交叉点，以免点的位移影响配准精度。

（4）图幅边缘匹配

在对底图进行数字化以后，由于图幅比较大或者使用小型数字化仪时，难以将研究区域的底图以整幅的形式来完成，这时需要将整个图幅划分成几部分分别输入；在所有部分都输入完毕并进行拼接时，在相邻图幅的边缘部分，由于原图本身的数字化误差，使得同一实体的线段或弧段的坐标数据不能相互衔接，或是由于坐标系统、编码方式等不统一，常常会有边界不一致的情况，需要进行边缘匹配处理。边缘匹配处理类似下面将要提及的悬挂结点处理，可以由计算机自动完成，或者辅助以手工半自动完成。

图幅的拼接总是在相邻两图幅之间进行的。要将相邻两图幅之间的数据集中起来，就要求相同实体的线段或弧的坐标数据相互衔接，也要求同一实体的属性码相同，因此，必须进行图幅数据边缘匹配处理。

（5）数据格式的转换

数据格式的转换一般分为两大类：一类是不同数据介质之间的转换，即将各种不同数据源的信息如地图、照片、各种文字及表格转为计算机可以兼容的格式，主要采用数字化、扫描、键盘输入等方式；第二类是数据结构之间的转换，包括同一数据结构不同组织形式间的转换和不同数据结构间的转换。

同一数据结构不同组织形式间的转换包括不同栅格记录形式之间的转换（如四叉树和游程编码之间的转换）和不同矢量结构之间的转换（如索引式和 DIME 之间的转换）。这两种转换方法要视具体的转换内容根据矢量和栅格数据编码的原理和方法来进行。由于许多 GIS 软件系统使用其专用数据格式（如 Arc View 是用 Shape 数据，Arc/Info 是用 Coverage 数据等），且地理数据格式繁多，虽理论上数据格式转换没问题，但实际操作有的难度较大。数据格式转换需要格式解译程序，一般有直接转换和间接转换两种。

在数据格式转换中，由于两种系统对数据表达的差异，数据转换后往往会产生失真、歪曲、信息丢失的现象，这不是数据精度的问题，而是对数据的逻辑组织上两套系统关注的侧重点有所差异。例如，实际生产中经常出现的 AutoCAD 的早期版本的 DXF 格式转换到 ArcGIS 的 Coverage 或 Shape 文件，由于前者不是 GIS 软件，而是一个图形处理、图形设计软件，它重点存储图形的符号化信息，如线画宽度、颜色、纹理等，而后者是 GIS 软件，存储管理图形目标的属性描述、拓扑结构、图层信息，尽管两者对坐标串存储是可以匹配的，但其他一些信息难以建立匹配关系，有时采用间接的方法，如用 DXF 的线宽存储 Coverage 的属性码，这往往要用户自己约定其间的对应关系，缺乏通用性。

不同数据结构间的转换主要包括矢量到栅格数据的转换和栅格到矢量数据的转换两种，由于矢量数据结构和栅格数据结构各有优缺点，一般对它们的应用原则是数据采集采用矢量数据结构，有利于保证空间实体的几何精度和拓扑特性的描述；空间分析则主要采用栅格数据结构，有利于加快系统数据的运行速度和分析应用的进程。由此，数据处理阶段中，这两种数据结构的互相转换是经常发生的。并且，在理论上矢量栅格数据一体化没问题，但利用软件进行实践操作时经常发生数据丢失现象。

矢量数据转换成栅格数据，主要是通过一个有限的工作存储区，使得矢量和栅格数据之间的读取操作，限制在最短的时间范围内。点、线、多边形的矢量数据向栅格数据转换处理时，可采用不同的方法，主要方法有：①内部点扩散法，由多边形内部种子点向周围邻点扩散，直至到达各边界为止；②复数积分算法，由待判别点对多边形的封闭边界计算复数积分，来判断两者关系；③射线算法和扫描算法，由图外某点向待判点引射线，通过射线与多边形边界交点数来判断内外关系；④边界代数算法，它是一种基于积分思想的矢量转栅格算法，适合于记录拓扑关系的多边形矢量数据转换，方法是由多边形边界上某点开始，顺时针搜索边界线，上行时边界左侧具有相同行坐标的栅格减去某值，下行时边界左侧所有栅格点加上该值，边界搜索完之后即完成多边形的转换。

栅格数据转换成矢量数据的主要方法是：提取具有相同编号的栅格集合表示的多边形区域的边界和边界的拓扑关系，并表示成矢量格式边界线的过程。一般步骤包括：多边形边界提取，即使用高通滤波，将栅格图像二值化；边界线追踪，即对每个弧段由一个节点向另一个节点搜索；拓扑关系生成和去除多余点及曲线圆滑。

栅格向矢量转换处理的目的是将栅格数据分析的结果，通过矢量绘图仪输出，或为了数据压缩的需要，将大量的面状栅格数据转换为由少量数据表示的多边形边界，但主要目的是能将自动扫描仪获取的栅格数据加入矢量形式的数据库。转换处理时，基于图像数据文件和再生栅格文件的不同，分别采用不同的算法。目前基于 GIS 工具软件可以实现由栅格向矢量转换，例如 AreGIS 就可以直接实现 GRID 格式向 TIN 格式转换。

（6）数据拓扑生成

在矢量结构表示方法中，任何地理实体均可以用点、线、面来表示其特征，进而可根据各特征间的空间关系解释出更多的信息，为此，可用确定区域定义、连通性和邻接性的方法来达到上述目的。其特点是弧段用点的连接来定义，多边形用点及弧段的连接来定义，这样，相邻多边形的公共边不必重复输入，且通过邻接性的关系能识别出各地理信息实体的相对位置，从而解译出多种信息。拓扑结构就是明确这些空间关系的一种数据方法，也就是用来表示要素之间连通性或相邻性的关系，称为拓扑结构。

在图形数字化完成之后，对于大多数地图需要建立拓扑，以正确判别地物之间的拓扑关系。拓扑关系是由计算机自动生成的。目前，大多数 GIS 软件都提供了完善的拓扑功能，但是在某些情况下，需要对计算机创建的拓扑关系进行手工修改，典型的例子是网络连通性。

拓扑关系的建立，只需要关注实体之间的连接、相邻关系，而结点的位置、弧段的具体形状等非拓扑属性不影响拓扑的建立过程。多边形拓扑的建立过程与数据结构有关，它是描述以下实体之间的关系：①多边形的组成弧段；②弧段左右两侧的多边形，弧段两端的结点；③结点相连的弧段。

在输入道路、水系、管网、通信线路等信息时，为了进行流量以及连通性分析，需要确定线实体之间的连接关系，构建网络。网络拓扑关系的建立包括确定结点与连接线之间的关系，这个工作可以由计算机自动完成，但是在一些情况中，如道路交通应用中，一些道路虽然在平面上相交，但实际上并不连通，如立交桥，这时需要手工修改，将连通的结点删除。

（7）数据的压缩与综合

如果采集的数据采用了高频率的点集记录，或者采用数据的比例尺大于所要求的，或者因数据表达分辨率太高与其他数据不能匹配，则要采用空间数据压缩或地图综合技术降低数据量，降低表达分辨率，使数据在比例尺表达上能够匹配。

空间数据压缩是为了减少存储空间、简化数据管理、提高数据传输效率、提高数据的应用处理速度，应通过特定几何算法对空间数据压缩，形成不同详细程度的数据，为不同层次的应用提供所需的适量信息。

地图综合是在比例尺变化上的一种图形变换，随着比例尺缩小，保留重要地物去掉次要地物，以概括的形式表达图形。它是在比例尺缩小后，从一个新的抽象程度对空间现象的简化表达。地图综合的操作包括选取、化简、合并、夸大、移位、骨架化等。在 GIS 数据处理中通过地图综合技术获得简化的地图数据。

数据压缩与地图综合的相同之处在于两者都会导致信息量的减少，都是为了缩小存储空间和节省计算处理时间而去掉繁杂细节。不同之处是数据压缩一般是在无损图解精度的前提下用插值方法可近似恢复原数据，即数据压缩可用"数据的插值加密"手段进行逆处理，而制图综合不受图解精度约束，被删除或被派生的信息不可逆。也就是说，数据压缩只是几何细节上的较小程度的变换，地图综合则是较大程度的变换，在地理表达层次上获得新的数据表达。例如将群集分布的建筑物合并综合后获得居住区的分布，已经产生了新的地理概念"居住区"。而对建筑物的压缩仍然保持各多边形建筑物的独立性，只是通过边界点的抽稀对形状简化处理。

（8）多源空间数据的整合

在 GIS 空间数据库中，有空间数据、时间数据和属性数据，一般我们从空间、时序和管理三方面对区域数据进行整合。一般原则为：①空间上应按照统一范式的区域划分；②时间上按时序划分为过去、现在和将来，以便 GIS 时空动态分析；③管理上应依靠通用软件操作的数据要求。

遥感与 GIS 的工作对象都是地理实体，它们之间存在十分密切的关系。遥感系统的特点在于其动态、多时相采集空间信息的能力，是获取、建立与更新 GIS 空间数据库的重要手段。同时，遥感和 GIS 的结合可以有效地改善遥感分析。利用 GIS 的空间数据可以提高遥感数据的分类精度。由于分类可信度的提高，又推动了 GIS 数据快速更新的实现，GIS 中的高程、坡度、坡向、土壤、植被、地质、土地利用等信息是遥感分类经常要用到的数据。另外，遥感与 GIS 的结合可以进一步加强 GIS 的空间分析功能。两者结合方式通常有三种：①分开但是平常的结合；②表面无缝的结合；③整体的结合。

此外，遥感可用于 GIS 地理数据库的快速更新。用卫星获取各种地面要素的矢量信息，将遥感图像与 GIS 空间数据对应的图形以透明方式叠加，并发现和确定需要更新的内容，然后将栅格数据进行矢量化处理，同时进行一些入库前的预处理，数据就可以按 GIS 指定的数据结构入库了。

第四节　地理信息系统工程新技术研究和发展趋势

一、GIS 工程技术发展趋势

（一）RS、GPS、GIS 集成

1. RS、GPS、GIS 简介

遥感（remote sensing，RS）、全球定位系统（Global Position System，GPS）和地理信息系统（geographic information system，GIS）是目前对地观测系统中空间信息获取、存储管理、更新、分析和应用的三大支撑技术（简称"3S"技术）。"3S"技术在城市规划与管理、国土资源监测、医疗卫生、军事等各个方面发挥着越来越重要的作用。"3S"技术的集成也是近年来的热门研究对象。

2. RS、GPS、GIS 的集成模式

RS、GPS、GIS 以各自的方式理解、表达地理现象的时空特征，尽管它们获取数据的手段不同，以至于它们对数据参数的描述与表达方式不尽相同，但它们获取空间信息之间有很强的互补性。换句话说，将 RS、GPS、GIS 有机地结合起来，取长补短，更能发挥出各自的优势，这是一个自然的发展趋势，三者之间的相互作用形成了"一个大脑，两只眼睛"的框架，即 RS 和 GPS 向 GIS 提供或更新区域信息以及空间定位，GIS 则是综合处理

与分析多源时空数据的理想平台，并且反过来指导 RS 和 GPS 数据采集。

集成是英语 integration 的中文翻译，它指的是一种有机的结合，在线的连接、实时的处理和系统的整体性。目前 RS、GPS、GIS 集成的模式主要有如下几种：

（1）RS 和 GPS 的集成

在 RS 和 GPS 结合方面，可以利用在地面架台，或在气球、低空飞机、航天飞机等遥感平台上安装传感器进行对地扫描或者拍摄照片时，利用 GPS 同步测定扫描、拍摄瞬间遥感平台的空间位置与姿态，将可根据平台位置与姿态参数，非常方便地计算获取遥感影像上各种目标的空间位置。而对于只有遥感数据而没有平台位置与姿态参数的情况下，可以在遥感影像上选定若干有明显标志的地物影像点，再实地利用 GPS 测定这些点的空间位置，通过遥感地理配准的方法，也可以确定任何影像点的空间位置。两者的结合可在实时的数据采集、环境监测、灾害预测等方面发挥重要作用。

（2）GPS 和 GIS 的集成

由于 GPS 技术的广泛应用，特别是实时动态定位，使得 GPS 已经成为地面上 GIS 的前端数据采集的重要手段。一旦建成 GIS，只须在运动目标上安装 GPS 接收机和通信设备就可以在主控监测到目标的具体位置，也可以在运动目标处了解到自身所处位置或相对周围环境的位置。利用 GPS 和 GIS 共同组建的各种导航系统，对于交通指挥调度、公安侦破、车船自动驾驶、渔船捕鱼等有着重要的指导意义。

（3）RS 和 GIS 的集成

一般认为，RS 是 GIS 重要的数据源和更新的手段，GIS 则是 RS 重要的分析工具。RS 和 GIS 的集成一般有三种方式：①分开但是不平行的结合（不同的用户界面、不同的工具库和不同的数据库）；②表面无缝的结合（相同的用户界面、不同的工具库和不同的数据库）；③整体的集成（相同的用户界面、工具库和数据库）。RS 和 GIS 的集成主要用于全球变化监测和空间数据自动更新等方面的相关主题。

"3S" 两两结合比单独操作有更好的效果，但是仍有诸多缺陷。主要是缺乏统一的坐标空间，光谱数据和空间数据时间上的不一致，以及不具备封装独立的数据和方法能力的技术。因此，把三者结合起来形成一体化的信息技术体系是非常必要的，这主要是指数据获取平台的革新和新的信息融合方法的应用。

（4）"3S" 的集成

"3S" 集成的发展目标是 "在线连接、实时的处理"。GPS、RS、GIS 集成的方式可以在不同技术水平上实现。"3S" 集成包括空基 "3S" 集成与地基 "3S" 集成。空基 "3S" 集成：用空-地定位模式实现直接对地观测，主要目的是在无地面控制点（或有少量地面控制点）的情况下，实现航空航天遥感信息的直接对地定位、侦察、制导、测量等。地基

"3S"集成：车载、舰载定位导航和对地面目标的定位、跟踪、测量等实时作业。

　　许多应用工程或应用项目需要综合利用这三大技术的特长，方可形成和提供所需的对地观测、信息处理、分析模拟的能力。"3S"技术的集成应用于工业、农业、交通运输、导航、捕鱼、公安、消防、保险、旅游等不同行业，将产生越来越大的市场价值。

　　3. "3S"集成需要的关键技术

　　目前"3S"集成研究已经有了一定的发展，正在经历一个从低级向高级的发展和完善过程。"3S"系统的低级阶段，系统之间是通过互相调用一些功能来实现的。高级阶段表现为三者之间不只是相互调用功能，而是直接共同作用，形成有机的一体化系统，对数据进行动态更新，快速准确地获取定位信息，实现实时的现场查询和分析判断。为了实现"3S"真正意义上的集成，须探索"3S"集成的有关理论，提高"3S"集成的技术方法和拓广"3S"集成的应用范围。

　　（1）"3S"集成需要的关键技术

　　主要研究"3S"集成系统的传感器实时空间定位、系统行进过程中快速确定相关地面目标的方法和实现技术。包括：①广域和局域差分GPS网的构建方法与实时数据处理的理论与算法；②遥感传感器位置和姿态的测定及在航空、航天遥感中的应用；③GPS辅助的遥感地面目标的自动重建与量测方法。

　　（2）"3S"集成系统的一体化管理

　　研究"3S"数据的集成管理模式、数据模型，设计和发展相应的数据管理系统，以实现图形、图像、属性、GPS定位数据等的一体化管理，为"3S"的集成处理和综合应用提供基础平台。主要内容包括：①非均质、多尺度、多时态空间数据的组织与管理；②面向对象的一体化数据结构与数据模型的研究；③大容量影像数据的压缩、传输、建库和存储的理论与方法。

　　（3）语义和非语义信息的自动提取理论方法

　　研究从航空、航天遥感数据和CCD立体像对中自动、快速和实时地提取空间目标位置、形状、结构及相互关系和空间目标的语义信息的理论与方法。主要内容包括：①遥感影像地物结构信息的自动提取和精确图形表达；②多种传感器、多分辨率和多时相遥感图像的融合理论与方法；③基于知识工程的遥感影像解译与分类系统的研究。

　　（4）基于GIS的航空、航天遥感影像的全数字化智能系统及对GIS数据库快速更新的方法

　　主要研究如何依托已建立的GIS系统来实现航空、航天遥感影像的智能化全数字过程，并从中快速发现在哪些地区空间信息发生了变化，进而实现GIS数据库的自动或半自动快速更新。包括：①GIS信息与现势的航空、航天影像复合；②从GIS信息与航空、航

天影像的配准中自动或半自动检测空间信息的变化；③由 GIS 的属性数据以及它与现势影像配准的结果，自动或半自动提取语义信息与获取知识；④GIS 信息的自动或半自动更新。

（5）"3S" 集成系统中的数据传输与交换

数据传输是 "3S" 技术集成中的一个关键问题。例如在环境监测、灾害应急、自动导航和自动加强系统中，需要将 GPS 记录数据和遥感成像数据（CCD 记录和雷达记录等）实时传送到信息处理中心或将所有数据传送到量测平台。为此，需要研究数据单向实时传输的理论和方法、数据双向实时传输的理论和方法、数据交换的理论和方法。

（6）"3S" 集成系统中的可视化技术理论与方法

主要研究集成系统中大量图形和影像数据的多比例尺和多分辨率在各种介质和终端上的可视化问题。主要内容包括：①空间图形图像数据库的多级分辨率的存储、显示和表达；②可视化空间数据库的构建与应用；③从空间数据库至地图数据库的自动综合和符号化理论与方法；④虚拟地形环境仿真中视景数据库的构造理论与方法；⑤可视化系统、虚拟现实系统和 GIS 的集成策略与实现。

（7）"3S" 集成系统的设计方法及 CASE 工具研究

主要研究基于计算机辅助软件工程（computer aided software engineering，CASE）技术的 "3S" 集成系统的设计方法和软件开发、维护的自动化技术，设计和发展专用于 "3S" 集成系统设计的 CASE 工具。例如：①可视化编程技术的研究和工具开发；② "3S" 集成系统的结构化分析和设计规格的自动生成；③综合考虑时空关系及语义信息的数据实体关系表达与数据字典生成；④ "3S" 集成中的组件方法及关键技术。

（8）"3S" 集成系统中基于 C/S 的分布式网络集成环境

"3S" 集成系统涉及多用户、多数据、多专业，需要有一个强大而有效的硬件、软件环境支持，包括多种软件系统（GIS 软件、全数字摄影测量系统软件、GPS 数据处理软件）的综合使用、多种类型数据的快速传输、多用户工作方式等。根据 "3S" 集成系统研究的特点与特殊要求，提供一个多种空间数据获取方式与 GIS 融合的基础研究环境，以进一步研究 "3S" 集成系统网络集成环境的硬、软件组织，分布式多用户间的数据快速传输，多类型数据的数据通信与格式转换等。此项研究包括：① "3S" 集成系统网络集成环境的硬、软件组织；②分布式多用户间的数据快速传送；③多类型数据的数据通信与格式转换。

4. "3S" 集成技术在 GIS 工程中的应用展望

"3S" 集成技术已经广泛应用于工程项目中，如工程结构监测（主要用于抗震防灾、振动及形变监测、土地资源管理等方面）、水利工程及水土保持（主要用于水下测量、水土流失监测、水土保持规划等方面）。通过建立工程项目的三维虚拟 GIS 系统，在可行性研究阶段给出虚拟直观的效果增加空间交流与地理几何解释，能够让在世界范围内某个进程或项目的关键人员实时表达他们自己的看法和建议；提高整个项目团队对现场地理环境的认知度和感知度；能够让项目的领导层快速、实时地给项目以指导性决策意见。"3S"技术应用于 GIS 工程项目管理，具有的优势如下：

①在项目管理过程中，将更有效地整合已有各类型的影像和地形数据等空间和非空间数据，从而更便捷地展现直观立体的数字三维景观。

②在项目管理过程中，所有项目参加人员在 3D 环境中协同工作，进行信息的实时共享和分析，真正实现了同一项目不同地点、不同部门之间的协同办公，降低了风险，大大提高了工作效率。

③可以为项目做可行性分析、影响评估以及市场宣传等辅助任务。

（二）无线通信技术与物联网 GIS

1. 物联网概述

近年来，由于政府的重视、各类网络技术的发展、社会的巨大需求，国内已经形成了一个建设物联网高潮。

物联网的定义是：通过射频识别（radio frequency identification，RFID）、红外感应器、全球定位系统、激光扫描器等信息传感设备，按约定的协议把任何物品与互联网连接起来，进行信息交换和通信，以实现智能化识别、定位、跟踪、监控和管理的一种网络。具体地说，就是把感应器嵌入和装备到电网、铁路、桥梁、隧道、公路、建筑、供水系统、大坝、油气管道等各种物体中，并且被普遍连接，形成物联网，以实现人与物体的沟通和对话，以及物与物之间的沟通和对话。

狭义上，物联网指连接物品到物品的网络，实现物品的智能化识别和管理；广义上，物联网则可以看作是信息空间与物理空间的融合，将一切事物数字化、网络化，在物品之间、物品与人之间、人与现实环境之间实现高效信息交互方式，并通过新的服务模式使各种信息技术融入社会行为，是信息化在人类社会综合应用达到的更高境界。

物联网是以感知为目的的物物互联，已成为"智慧地球"的核心部分。物联网的具体用途遍及智能交通、环境保护、政府工作、公共安全、平安家居、智能消防、工业监测、老人护理、个人健康、花卉栽培、水系监测、食品溯源、敌情侦察和情报搜集等多种 GIS 应用领域。当今，物联网与 GIS 可谓存在千丝万缕的关系。

2. 物联网与 GIS 的关系

物联网技术的基础仍然是互联网技术，核心技术主要包括 RFID、传感器、嵌入式技术、GPS、GIS、纳米技术、智能计算等。其中 RFID、传感器、嵌入式技术、纳米技术等作用于感知层，GIS、智能计算等则归属于网络层。物联网是在互联网技术基础上延伸和扩展的一种网络技术，它是要通过网络及各类感应设备来实现物与物、物与人之间的信息交换和通信。物联网中接入的大量传感器设备都具有空间位置信息，把此类传感器设备的位置及派生出的其他信息利用地理信息进行表现，这是物联网与地理信息最直接、有效的结合。地理信息技术与物联网这一新兴技术有效结合，为地理信息的具体应用及进一步拓展提供了更为广阔的发展空间。

地理信息的核心技术有多源空间数据集成、空间信息可视化、空间分析技术、空间数据挖掘等。GIS 作为"数字地球""智慧地球"的核心技术在物联网中具有不可或缺的作用。GIS 与空间地理位置密切相关，其与物联网的联系，可以从与位置相关的信息作为切入点。GIS 是物联网应用的关键技术之一，它们拥有共同的理论基础即地理信息学，两者的应用领域也有颇多重合。因此，GIS 技术引入物联网不仅可行，而且是必要的。

基于 GPS、GPRS，互联网集成应用的车辆、人员为物联网的一个应用雏形，如基于车辆与人员定位的"车辆/人员定位追踪系统"，它是通过带 GPS 定位传感器来实现位置定位，并通过 GPRS、GSM 通信网络，利用互联网把位置信息传回到定位监控平台，从而实现对车辆的追踪与定位，并利用其通信协议，实现对 GPS 定位传器备的控制，这就是一个物联网与 GIS 的初步应用。

随着 RFID 技术的发展，物联网与地理信息的结合越来越紧密。采用物联网技术，把各类感应设备嵌入和装备到与空间地理位置相关的城市部件（如摄像头、路灯、电杆等）、建筑物、铁路、桥梁、隧道、公路、大坝、管道（石油给排水）、电网等各种设施中，利用互联网及 GPRS 网络，再结合地理信息可视化及信息集成方式，把此类与空间位置相关的感应设备显示在电子地图上，实现物联网与地理信息的集成与整合，建立可视化的基于 GIS 的物联网型系统。

3. 物联网 GIS 基本构架

物联网是典型多学科（如认知学、地理学、信息学、管理学和控制论等）交叉的产物，众多理论一起构成了物联网的基础理论体系。物联网是利用网络技术整合传感技术、射频技术所建立的物品之间的互联网，它是继计算机互联网与移动通信网络之后的又一次信息产业革命。物联网的技术体系结构可以用三层结构表示，即感知层、网络层、应用层。感知层即是各类传感器设备；网络层是各种通信网络，负责信息的传递与沟通，起到桥梁与纽带的作用；应用层即是在感知层与网络层的基础上开展的具体应用，如智能交通、智能医疗、智能物流、智能购物等。GIS 可为物联网提供基础信息支撑平台、空间定位和虚拟展示平台以及移动计算平台等多种服务。因此，基于 GIS 的物联网原型系统一般是把 GIS、GPS、RFID 通信网络（GPRS、4G、5G）、互联网、数据库等多种技术进行集成而建立的可视化信息服务系统。其基本思路是以空间基础地理信息为基础，采集各类传感器设备的空间地理位置，并将其与地理信息相结合，利用通信网络及互联网，按约定的协议进行信息交换和通信，实现物联网实体在地理信息平台的可视化定位、跟踪、监控和管理。

结合地理信息及物联网两者的特点，基于 GIS 的物联网系统由感知层、数据层、网络层、服务层、应用层五部分构成。其中，感知层由各类传感器组成，负责信息的采集工作；数据层由基础地理信息数据和专题业务数据组成，空间数据是基础，业务数据可以根据行业需求与空间数据进行集成应用；网络层负责信息的传输，主要包括互联网、移动通信网络、企业内部网络及其他专网、卫星通信网、传感器网络等；服务层相当于一个中间件，包括数据服务、接口服务等，它是为各领域各行业的应用系统提供服务的；应用层即是在服务层的基础上建立起来的各应用系统，它是根据统一的服务接口及服务方式与基于 GIS 的物联网原型系统进行整合与集成，在基于 GIS 的物联网系统的基础上，开发出满足其自身应用需求的行业应用系统。

4. 物联网 GIS 在 GIS 工程的应用展望

物联网的推广将会成为推进社会发展的又一个驱动器，为产业开拓又提供一个潜力无穷的发展机会。物联网 GIS 将为 GIS 工程的发展提供坚实的基础。物联网 GIS 为 GIS 工程的发展修筑了一架沟通的桥梁。

①在 GIS 工程中，通过连接物联网服务器，列出 GIS 工程目标的具体情况，并对之进行统计分析，形成综合性的信息；采用电子标签和 RFID 技术，能对工程目标快速定位、调查和维护，提高工作效率。

②通过对 GIS 数据库和物联网数据库的综合调用，分析工程目标的分布情况，有利于目标的专题制图和可视化。

总之，物联网 GIS 给物体赋予智能，使物体之间的沟通更加密切。在生产安全领域、食品卫生领域、工程控制领域、城市管理领域，在人们日常生活的各个方面，甚至在人们的娱乐活动中，都需要建立随时能与物体沟通的智能系统。这将更加方便地实现 GIS 工程项目的交互。

（三）三维虚拟现实与多维 GIS

下面阐述三维虚拟现实和多维 GIS 的定义、理论与关键技术，进而展望多维 GIS 的发展趋势对 GIS 工程的影响。

1. 三维虚拟现实与多维 GIS 概述

（1）三维虚拟现实

虚拟现实（virtual reality，VR）技术是 20 世纪末发展起来的以计算机技术为核心，集多学科高新技术于一体的综合集成技术。虚拟现实综合利用了计算机的立体视觉、触觉反馈、虚拟立体声等技术，高度逼真地模拟人在自然环境中的视、听、动等行为的人工模拟环境。这种模拟环境是通过计算机生成的一种环境，可以是真实世界的模拟体现，也可以是构想的世界。"3I"概括了虚拟现实的基本特征，即沉浸感（immersion）、交互性（interaction）和构想性（imagination）。

沉浸感是指用户进入由虚拟现实技术提供的虚拟三维空间环境，并作为该环境中的一员，参与该环境中物之间的变化与作用。也就是说，用户在该系统提供的虚拟环境中能"身临其境"地观察、探索和参与环境中事物的变化和相互作用。这是虚拟现实技术与其他技术最主要、最根本的区别。

交互性是指参与者用人类熟悉的方式与虚拟环境中的"各种客体"进行相互交互的能力。例如，用户可以用手直接抓取虚拟环境中的物体，这时手应该有触摸感，可以感觉到物体的重量，场景中被抓的物体也立刻能够随着手的移动而移动。

构想性是指用户沉浸在多维信息空间中，依靠自己的感知和认识能力，全方位地获取知识，发挥主观能动性，寻求解答，形成新的观念和想法。

这三个特征体现了虚拟现实的精髓，构成了著名的"虚拟现实三角形"，强调了人在整个系统中的主导作用。也有学者总结出虚拟现实的另外两个特征：多感知性和自主性。多感知性，即虚拟现实系统能打通系统的感觉通道，增加获取信息的广度和深度；自主性是指虚拟环境中的对象除了具有几何信息，还应该包括物理、运动等信息，使之依据其内在的属性产生自主运动。

（2）多维 GIS

GIS 的研究最早是从二维平面开始的，随着空间对地观测技术的发展和集成，将 DEM 引进 GIS 中处理空间信息，形成了三维 GIS。近年来，三维地理空间信息获取与更新的能力有了飞速的进步，地质、地理、海洋、气象、水文等应用领域已逐步形成三维甚至是多维的空间信息源，将这些信息源的三维 GIS 操作结合虚拟现实技术就能为三维 GIS 可视化的实现做好铺垫。随着人们对地理空间对象的时间特性的密切关注，在三维 GIS 的基础上添加空间对象的时间特征，就构成了四维 GIS。四维 GIS 也被称为空间—时间模型，它能反映地理对象随时间的变化特征，对研究地理对象长周期的发展趋势很有帮助。多维 GIS 已经成为国际 GIS 学术界和相关应用部门关注的焦点之一，增加一维并不只是数据量的增长，而是可以提供相对于原来的几倍或者几十倍的信息和知识，使人们能够更加了解和掌握不断变化的地理空间。

（3）虚拟 GIS

GIS 从 20 世纪 60 年代发展以来，侧重于二维空间数据管理和二维可视化，缺乏高效、自动的三维空间数据的可视化工具，如无法有效表达地质体、矿山、海洋、大气等地学三维数据场，也无法有效表达海洋运动、大气运动等自然过程。可视化技术上对三维数据和数据场的研究可以弥补 GIS 在三维数据图形表达上的不足，推动虚拟现实技术与 GIS 的结合，将虚拟现实技术带入 GIS，将使 GIS 用户在计算机上就能处理真三维的客观世界，在客观世界的虚拟环境中将能更有效地管理、分析空间实体数据。虚拟现实与 GIS 的结合产物——虚拟 GIS（virtual reality geographic information system，VRGIS）已成为 GIS 发展的热点。

在 20 世纪 90 年代初期，Faust 和 Koller 比较成功地进行了虚拟现实系统和 GIS 的集成试验，并提出了 VRGIS。根据 Faust 在 1993 年提出的 VRGIS 概念，一个理想的 VRGIS 应该具有以下特征：

①空间数据的真实表现（如地形、环境等的真实再现，也包括对未来与过去不存在的事物的模拟真实表现）。

②用户可在选择的地带（地理范围内）从任意角度观察、移动、浸入、实时交互。

③具有基于三维空间数据库的基本 GIS 功能（如空间查询、分析等）。

④可视化部分作为用户接口一个自然而完整的部分。

具有以上几项特征的 GIS 就可以成为 VRGIS，但是，这只是理想的情况，由于受到与 VRGIS 息息相关的计算机技术、虚拟现实技术、GIS 技术等发展水平的限制，一般这几方面的特征不能同时满足。VRGIS 是支持地学时空数据的获取、存储、管理、分析以及多维图形表达与交互的多维计算机信息处理系统。可以说 VRGIS 把原先在二维 GIS 中只占一般地位的三维可视化模块提高到整个系统的核心地位，把用户和地理对象的三维视觉、听觉等多种感觉实时交互作为系统的存在基础。

2. VRGIS 的关键技术

由于计算机科学发展水平和其他一些相关因素的制约，VRGIS 发展到今天仍然没有飞跃性的突破，除了考虑系统接口、数据输入、人机界面以外，VRGIS 发展过程中还应该着重考虑如下问题：

（1）三维空间数据结构问题

随着 GIS 多维化发展，GIS 也面临更多的技术问题。三维空间数据的存储、管理和分析是其中棘手的问题之一。由于实际需要，三维空间数据的组织趋于复杂化，传统的 GIS 关系数据库已无法满足虚拟 GIS 空间数据管理的要求，必须研究更高效的三维空间数据结构和图形绘制算法进行三维空间数据存储、管理、显示和漫游。

常用的三维空间数据建模方法有四面体格网、八叉树、不规则块体等。不规则四面体建模方法以四面体作为基元，是将不规则三角网向三维空间进一步拓展，但是不规则四面体模型的算法比较复杂。八叉树模型是将三维的空间划分成八个象限，同时在八叉树上的每个节点处都储存八个数据元素，在表示过程中，当一个象限中的体元经验证全部是均质体时，那么这种类型值将会被存入相应的节点数据元素中，然后不全是均质体的非均质象限继续进行验证细分，相同步骤不停循环，一直到全部的体元全都成为均质体。这种模型更新不便，不利于表达地质对象间的关系。不规则块体模型是块体模型逐渐进化完善形成的。能够较好地模拟研究对象，而且还能够描述细微变化。适用于渐变的三维空间，有利于地质体的查询和分析。

虽然现在没有一个能完全解决数据问题的完美方案，但随着数据采集技术和计算机技术的发展，涌现出很多有效的措施能在某种程度上使得数据问题得到缓解。如加强 VRGIS 与 RS、GPS 的结合，建立分布式的 VRGIS 的数据库，加强数据共享等。

（2）三维空间分析问题

三维空间分析问题存在于各种应用模型中。通常 GIS 按其空间特性可分为两种，即空间模型和非空间模型。与常规 GIS 相似，虚拟现实系统中非空间模型主要对系统中的各种属性数据进行运算，这类模型多用来解决社会经济领域中的评价、规划、趋势分析等；而三维空间模型除了满足对系统中的图形和属性数据同时运算，在常规操作（如空间检索、空间推理、图形运算等）上还需要考虑第三维甚至第四维（时间维）的问题。

（3）VRGIS 的图形显示问题

图形显示问题是限制 VRGIS 发展的"瓶颈"问题。这是由计算机的硬件发展现状、GIS 的应用要求和虚拟现实的需求这三方面之间的矛盾决定的。由于受计算机硬件的限制，现在的虚拟现实要求我们在保证视觉需求的同时，数据量尽量少；而 GIS 为了空间分析的需求，要求数据尽量翔实，因此，在图形显示上产生了矛盾。为了解决这个问题，不少学者做了很多有意义的研究工作，例如：①研究如何建立优秀的 VRGIS 的数据结构，使 VRGIS 在显示要求下，保证信息的快速提取；②在虚拟现实显示方面尽可能在保证用户关注部分逼真度的前提下，减少数据量；③利用计算机技术，减缓图形显示矛盾，这主要表现在加速硬件的发展。

3. VRGIS 在 GIS 工程中的应用展望

VRGIS 作为一种综合技术，无论对于决策者还是学习者都有着重大的意义，无论是对于军事还是城市规划、考古等都起到了不可预料的作用，VRGIS 的发展对 GIS 工程的发展势必有重大影响。VRGIS 的发展将在以下几方面对 GIS 工程影响深远：

①利用软件工程的方法进行 VRGIS 的开发，将丰富 GIS 工程的理论研究。

②加强计算机硬件研究，缓解以至最终解决 VRGIS 的分析和图形显示之间的矛盾，也将增强 GIS 可视化性能。

③加强 VRGIS 与互联网或局域网，以及万维网技术的联系，势必为 GIS 工程的应用提供更强大的基础，使 GIS 工程技术更加实用化、大众化，提高公众参与水平。

④研究不同三维数据结构的有效转换方法，发挥各种三维数据结构的优势，建立更加真实的场景。

⑤提高 VRGIS 的实时运行效率，研究更加高效的应用程序。

（四）实景三维 GIS

基于传统二维地图的 GIS 空间分析是不完整的，因为它只能实现宏观的、浓缩的、概略的统计和分析，一旦我们要对细部环境信息和数据进行查询、观察和分析，则无法得到足够的数据支持。实景三维 GIS 技术和基于移动测量系统（mobile mapping system，MMS）技术的移动采集系统能够很好地解决这个问题。

传统 GIS 的使用者常常感到困惑，分辨率越来越高的航片和卫星影像可以让人越来越清晰地鸟瞰地球，然而一旦到了地面，能够看到的只有抽象的二维地图或是为模拟空间绘制的虚拟 3D 仿真图，无法让人全面了解环境。现有的行业 GIS 主要基于符号化的二维地图构造，只能实现数据的平面图形显示。随着近年来测绘技术、计算机与网络技术的飞速发展，实景三维 GIS 已突破原有技术瓶颈，现已成为国际 GIS 应用的热点，也代表着未来 GIS 的一个重要发展方向。

实景三维 GIS 是在二维 GIS 的基础之上，增加了连续的实景三维影像，并通过开放的软件（TrueMap 地理数据平台）与基于 GIS 的行业应用进行无缝集成，从而给用户提供具有丰富环境信息和立面信息的实景可视化环境，有效地支持管理和决策等高级应用，真可谓"千里高速，尽收眼底"。

移动道路测量技术作为一种陆基遥感系统，它是在机动车上装配全球定位系统、成像系统、惯性导航系统或航位推算系统等传感器和设备，在车辆高速行进之中，快速采集道路及两旁地物的可量测实景影像序列（digital measurable image，DMI），这些 DMI 具有地理参考，并可根据各种应用需要进行各种要素特别是城市道路两旁要素的按需测量。

可量测实景影像是一种以地面近景摄影测量立体影像文件及其外方位元素构成的基础地理信息产品，通过可量测实景影像提供的开发包可直接对立体影像进行测量、信息提取并与其他基础地理信息产品集成，是我国基础地理信息数据库为适应按需测绘、采集、更新空间信息的一种基础地理信息产品。可量测实景影像可通过移动测量系统采集得到，并可以通过开发包与 4D（DLG、DOM、DEM、DRG）产品无缝集成，是对我国 4D 基础地理信息产品进行有效补充的一种重要产品。

基于近景摄影测量原理，一对 DMI 立体像对记录了摄影范围内空间对象的三维立体空间。通过摄影测量交会计算，可以获取目标地物的空间三维坐标、物理尺寸。

移动测量系统可以道路巡航的方式高密度地采集城市的连续可量测影像。在车辆高速行进过程中，能够以 5 m 的间隔就采集一次覆盖 360°范围的影像。通过沿城市道路进行地毯式扫描，可以建立城市的海量 DMI 立体影像库。该影像库实际上全方位地记录了城市的真实环境和三维空间尺寸，从而构成了城市实景三维空间。

应用实景三维技术，不仅可提供地物的抽象二维图，还有与二维图紧密相关的连续可量测影像，这种影像也可应用在城市管理的方方面面。由此，实景三维在城管、公路、公安、铁路等行业得到了深入而广泛的应用。

数字城管以信息化手段和移动通信技术手段来处理、分析和管理整个城市的所有部件和事件信息，促进城市人流、物流、资金流、信息流、交通流的通畅与协调。基于 MMS 技术的城管系统提供有街景影像地图的"实景数字城管"功能，真实再现城市各种部件，满足城市管理在垂直方向上的需求，如路灯高度论证、广告牌的位置论证、投诉事件定位难等问题。同时，辅助城市管理者进行决策分析，如公共设施选址分析、应急预案模拟，从而提高城市管理的效率和质量。

实景化警用地理信息系统基于"可视、可量、可挖掘"的 DMI 近景影像数据技术，因而具有信息实景化、符号可视化、管理信息丰富等特征，能够帮助公安部门真正实现以房管人、以人查房、案件事件查询、建筑物高度、通道高度及宽度、射击及通视距离等测量，实时监控（动、静结合）、接（处）警精确定位、警用车辆（人员）定位及跟踪、警戒路线等。

数字城市建设中，实景三维技术可提供城市地上、地下各部门的空间数据，并通过可视化实景的方式展示出来。

二、新技术与新方法

（一）云计算技术

1. 云计算与 GIS

随着 GIS 的发展，GIS 对计算、存储和可靠性均有越来越高的要求。将这些要求与云计算的特点相比较，可以发现，云计算所提供的服务能够很好地满足 GIS 的需要，云计算能够应用于 GIS，形成云 GIS。

云 GIS 以 GIS 为基本服务对象，按照 GIS 的应用需求进行云资源的动态部署和配置，通过云资源的虚拟化，向上层提供应用服务。云 GIS 以 GIS 基础服务设施为服务支撑平台，以 GIS 基础信息数据和 GIS 应用程序为应用支撑平台。

今后很长一段时间，云计算将对 GIS 产生深远的影响。首先，GIS 平台概念的内涵将发生变化，GIS 基础软件平台将进一步发展，通过融合在线服务形成基础 GIS 软件、云计算 GIS 软件和在线平台一体化的综合服务平台；其次，GIS 技术将与其他 IT 技术实现更深度的融合，数据将实现空间关联，业务具有空间智能；再次，GIS 技术和空间数据的使用模式会发生变化，更多地使用基于云服务的在线资源；最后，通过云服务模式，GIS 的使用范围将得以大大扩展，使 GIS 的用户对象扩展到更加广阔的范围。

2. 云 GIS 应用模式

云 GIS 的发展趋势，主要有公有云、私有云和混合云这三个方向。基于公有云的 GIS 商业模式可能由于信息保密和商业利益等，实现起来会有一定的障碍。而基于私有云的 GIS 很有可能成为一个很重要的方向。

云 GIS 平台提供四类基础服务：地理信息内容即服务、地理信息软件即服务、地理信息平台即服务、地理信息基础设施即服务。

（二）遥感云服务技术

遥感云服务是基于云计算技术，整合各种遥感信息和技术资源，通过互联网以按需共享的方式提供的遥感应用服务。遥感云服务应体现云计算两方面的优势：一是通过云计算技术提高遥感数据存储与处理的效率；二是实现资源共享、按需使用的服务模式。

1. 遥感云服务特点

遥感云服务有如下四个特点：

①无须事先购买，需要时可以随时通过网络使用所需的遥感数据、处理软件、开发环境和计算设备。

②按需使用，即用即付，只须支付实际使用遥感数据、软件和计算资源所产生的费用，避免资源闲置和技术支持、系统安装、升级维护等所产生的人力和费用。

③获得更强大、更可靠、更高效的遥感数据分布式存储与并行处理能力，并可满足应急或高峰期的存储和计算需求。

④可以从众多的遥感数据和遥感软件中选择或组合应用，也可以根据需要使用多种不同的业务应用环境。

2. 遥感云服务模式

基于云计算的遥感云服务有以下四种典型模式：

①遥感数据即服务。提供数据浏览和按需使用服务，用户无须购买遥感数据，即可使用遥感数据并获得遥感业务信息。

②遥感软件即服务。提供在线运行遥感软件服务，用户无须购买和安装，即可使用遥

感处理和业务应用软件。

③遥感平台即服务。提供后台遥感数据处理与应用开发平台，用户可以通过系统开发工具包和程序接口开发和部署遥感应用软件，调用强大的后台计算能力进行遥感数据处理、信息产品生产和业务应用。

④遥感应用系统设施即服务。虚拟化是云计算最主要的特点，可以把遥感数据、各种遥感软件、业务应用系统、计算机软硬件环境和存储网络等要素都进行虚拟化，放在云计算平台中统一管理并提供服务。用户无须通过传统方式构建遥感应用系统，即可随时随地即时地在云计算平台上建立虚拟遥感应用系统环境，使用遥感数据、软件、计算机和网络环境进行业务应用或提供服务。

3. 遥感云服务技术特点

由于遥感技术的特殊性，特别是数据在遥感应用中的重要性，使得遥感云服务具有与其他云服务不同的特点。

①提供遥感数据、信息、软件与所需计算资源的一体化、一站式服务。数据是遥感应用的基础，也是遥感应用费用和时间开销的重要环节，遥感软件和计算设备是遥感应用必需但又非全时占用的基础设施。数据、信息、软硬件设施一体化服务是遥感云服务可应用于实际业务的基本要求。

②基于统一的基础空间数据库和可视化基底，支持数据共享与协同工作。遥感云服务平台可以通过云平台支持用户既可以自由使用空间数据和软件，又可以避免数据和软件的流失，同时还可以实时进行多源数据融合与协同操作，满足多方面的空间数据共享需求。

③与遥感数据处理及专题信息产品生产系统相结合，提供业务化、标准化的遥感信息产品在线服务。通过云服务平台，可以定期生产和发布标准化的遥感专题信息产品，使用户无须自行组织数据处理就可以直接获得业务应用所需的专题信息，降低技术和应用成本。

④通过对遥感服务元素（如数据获取、加工处理、处理算法、应用模型等）的开放性接入和动态化调度，既包括对数据、信息和技术资源的组合使用，也包括对服务提供方的流程化组织，实现信息链、技术链和产业链的协同化服务。

4. 遥感云服务技术体系

（1）遥感数据云存储技术

云存储是将网络中大量各种不同类型的存储设备作为存储资源池，提供统一的可动态扩展的存储服务。云存储采用大文件分块、分布式存储、多份拷贝的技术架构，可以根据需要自动调度数据和所需的存储资源，通过冗余存储保证数据的可靠性和访问处理的高效性。遥感数据量巨大，并随着卫星和服务平台的运营迅速增加，采用云存储具有其他技术

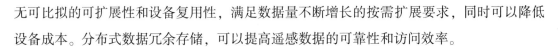

无可比拟的可扩展性和设备复用性，满足数据量不断增长的按需扩展要求，同时可以降低设备成本。分布式数据冗余存储，可以提高遥感数据的可靠性和访问效率。

遥感数据云存储需要解决以下关键问题：

①云计算平台上的分布式文件系统是基于文件数据流的，遥感云存储需要根据遥感影像数据格式和空间区域访问的特性，设计针对遥感影像空间区块划分的分布式数据多层次剖分与存储策略，优化遥感数据更新与访问的效率。

②目前尚没有基于云分布式文件系统及 BigTable 数据库技术的空间数据库管理系统，遥感云存储需要研发建立在云分布存储平台上的空间数据库和相应的数据存储架构，以便更有效地对遥感空间数据进行时空表达和索引管理。

（2）遥感数据云处理技术

遥感数据云处理是利用高性能、高可扩展性、高可用性的云计算技术，通过分布式存储和并行计算模型，实现海量遥感数据的高速处理和遥感信息产品的批量生产。遥感数据处理需要耗费大量的计算资源，同时遥感影像又具有易于在不同尺度进行分割和并行化处理等特性，特别适合于应用云计算技术。

基于云计算平台的数据处理与通常的并行处理的重要不同是，云处理所用到的计算资源与任务是非绑定的，可以通过资源池进行动态分配和共享，既可减少设备闲置，又可保证在需要时最大限度地利用整个云计算系统的强大计算资源。

实现遥感数据云处理需要解决以下关键问题：

①开发基于云计算并行处理架构（如 MapReduce）的遥感图像并行处理技术，特别是适合遥感数据分块云存储的高效并行处理技术。

②开发开放式服务元素容器技术和遥感云处理平台，使计算设施、数据资源、算法模块库和业务应用相互独立。通过遥感云处理服务平台进行对接，用户可以方便地获取数据处理所需的各种资源，动态构建遥感数据处理流程，完成业务所需的遥感数据处理任务。

（3）遥感应用云服务技术

遥感应用云服务是通过云计算平台，将各种遥感与计算资源链接在一起，提供遥感数据、信息产品、数据处理、应用软件和计算环境的一体化服务，使用户可以随时随地通过各种终端设备按需使用，按使用付费。

实现遥感应用云服务需要解决以下关键问题：

①将通常的单机版或网络版遥感软件转化为云服务软件，包括网络化服务改造、性能订制与资源配置、多租户共享管理、云平台软件更新技术等。

②实现针对不同用户的遥感应用虚拟机动态构建、遥感数据与软件动态部署与更新、场景保留、数据共享与协同等。

③开发针对遥感应用云服务的效用计算与计费技术。用户使用遥感云服务的费用可包括以下几个部分：数据使用费、遥感信息产品使用费、软件使用费、空间使用费、计算处理费、平台使用费、虚拟机租用费、制图服务费、移动服务费等，需要对各资源的使用进行精细的监测，换算成用户费用，并根据各服务提供商的资源贡献分配收益。

④开发遥感云服务平台便携式专用终端设备，方便用户随时随地接入和使用遥感云服务平台，像使用个人计算机一样使用遥感数据、软件和计算机环境，进行遥感数据的处理与应用。

（4）遥感数据云安全技术

信息安全是云计算技术普及的核心难题之一，也是用户是否愿意将自己的数据存储于遥感云服务平台的关键问题。高精度遥感数据、平台生产的业务信息产品以及应用所需的业务信息都具有高度的保密要求，如何保证在平台上存储和应用过程中的信息安全，是遥感云服务平台是否能够被实际应用的关键，也是决定遥感云服务模式成败的重要课题。

遥感云服务可以采用以下安全策略：

①遥感数据及信息产品的全生命周期的加密技术。数据和产品在生产、存储、传输和应用过程中全程加密，只在用户的终端上才能被显示和理解，即使是系统管理员也无法解密。

②遥感数据及信息的访问授权精细管理。对数据和信息按照数据集、用户和访问类型逐一授权，针对不同数据和用户，对发布、修改和应用权限进行精细管理，以满足安全保密的要求。

③灵活的分布存储策略。根据需要，用户可以将密级较高的数据和信息自行保存在终端上或部门的服务器上，进行单独管理；在应用时与平台密级较低的数据和信息之间执行分隔管理的安全策略。

④非对称分布式数据安全存储技术。通常的数据加密实际上是一种基于密码的变换，只要信息是完整的，就有可能被解密。遥感云服务可采用非对称分布式存储技术，利用云存储的暗箱特性，将数据和信息进行比特级划分，使每个分布式存储的数据块均不包含局部的完整信息，独立信息的不完整性可保证无法被解密。

（三）实景三维建模技术

倾斜摄影技术是国际测绘领域近些年发展起来的一项高新技术，它颠覆了以往正射影像只能从垂直角度拍摄的局限，通过在同一飞行平台上搭载多台传感器，同时从一个垂直、四个倾斜五个不同的角度采集影像，将用户引入了符合人眼视觉的真实直观世界。

三维建模的原始数据获取的方式包括地面拍摄和航空摄影等。其中，地面拍摄包括人工地面拍摄、地面街景扫描等；航空摄影主要是低空航空摄影，以无人机、动力三角翼等为低空遥感平台。对于区域范围的三维建模，以低空航空摄影为主。对于低空航空摄影，结合三维建模的要求，按照传统航空摄影设计的方法进行航线设计，对建模区域进行航空摄影，获取建模区域的多视影像数据。采用的航摄仪，包括普通相机、A3、三线阵ADS40/80、天宝 AOS 倾斜相机、Pictometry 相机、SWDC-5 倾斜摄影相机等。

伴随多角度相机的是倾斜影像处理系统的快速发展。美国 Pictometry 公司推出的 Pictometry 倾斜影像处理软件，能够较好地实现倾斜影像的定位量测、轮廓提取、纹理聚类等处理功能。法国 Infoterra 公司的像素工厂（Pixel Factory）作为新一代遥感影像自动化处理系统，Street Factory 子系统可以对倾斜影像进行精确的三维重建和快速的并行处理。此外，保卡公司的 LPS 工作站、AeroMap 公司的 MultiVision 系统、鹰图公司的 DMC 系统等，都陆续开发了针对倾斜影像的量测、匹配、提取、建模等模块。

第五章
工程建（构）筑物的施工放样

第一节 建筑限差和放样精度

一、建筑限差

建筑限差是指建筑物竣工后实际位置相对于设计位置的极限偏差，又称设计或施工允许的总误差。建筑限差与建筑结构、用途、建筑材料和施工方法有关，如按建筑结构和材料分为钢结构、钢筋混凝土结构、毛石混凝土和土石结构的建筑，其建筑限差由小到大；按施工方法分为预制件装配式和现场浇筑式的建筑，前者的建筑限差较后者的小。高层建筑物轴线倾斜度的建筑限差要求高于 $1/1000 \sim 1/2000$；钢结构的建筑限差为 $1 \sim 8$mm；一般工程如混凝土柱、梁、墙的建筑限差为 $10 \sim 30$mm；土石结构的建筑限差可达 10cm。一般建筑物的建筑限差，应遵循我国现行标准执行；有特殊要求的工程项目，其设计图纸上都标有建筑限差要求。

二、放样精度的确定方法

测量精度可按下述方法确定：若建筑限差（设计允许的总误差）为 Δ，允许的测量误差为 Δ_1，允许的施工误差为 Δ_2，允许的加工制造误差为 Δ_3（如果还有其他显著的影响因素，可再增加），假定各误差相互独立，则有：

$$\Delta^2 = \Delta_1^2 + \Delta_2^2 + \Delta_3^2$$

$$(5-1)$$

式中，建筑限差 Δ 是已知的，Δ_1、Δ_2、Δ_3 是需要确定的量。一般采用"等影响原则""按比例分配原则"和"忽略不计原则"进行误差分配。把分配结果与实际能达到的值进行对照，必要时做一些调整，直到比较合理为止。例如，按"等影响原则"，即 $\Delta_1 = \Delta_2 = \Delta_3$，则：

$$\Delta_1 = \Delta_2 = \Delta_3 = \frac{\Delta}{\sqrt{3}}$$

$$(5-2)$$

若设总误差由 Δ_1 和 Δ_2 两部分组成，即 $\Delta^2 = \Delta_1{}^2 + \Delta_2{}^2$，令 $\Delta_2 = \frac{\Delta_1}{k}$，当 $k=3$ 时，则有：

$$\Delta = \Delta_1 \sqrt{1 + \frac{1}{k^2}} = 1.05\Delta_1 \approx \Delta_1$$

$$(5-3)$$

即当 Δ_2 是 Δ_1 的三分之一时，它对建筑限差的影响可以忽略不计。

以工程建筑物的轴线位置放样为例，设工程建筑物轴线建筑限差为 Δ，则中误差 M 为：

$$M = \pm \frac{\Delta}{2}$$

轴线位置中误差 M 包括测量中误差 $m_{测}$ 和施工中误差 $m_{施}$，而测量中误差 $m_{测}$ 又由施工控制点中误差 $m_{控}$ 和放样中误差 $m_{放}$ 两部分组成，即：

$$M^2 = m_{测}{}^2 + m_{施}{}^2 = m_{控}{}^2 + m_{放}{}^2 + m_{施}{}^2$$

$$(5-4)$$

《建筑施工测量技术规程》（DB11/T 446—2015）规定：测量允许误差宜为工程允许偏差的 $1/3{\sim}1/2$，按"等影响原则"即取 $1/2$ 计算，则有：

$$m_{测} = \sqrt{m_{控}{}^2 + m_{放}{}^2} = m_{流} = \frac{M}{\sqrt{2}} = \frac{\Delta}{2\sqrt{2}}$$

$$(5-5)$$

建立施工控制网时，测量条件较好，且有足够时间用多余观测来提高测量精度；而在施工放样时，测量条件较差，受施工干扰大，为紧密配合施工，难以用多余观测来提高放样精度，所以，按忽略不计原则，控制点中误差取

$$m_{控} = \frac{1}{3} m_{放} = \frac{\Delta}{4\sqrt{5}} = 0.112\Delta$$

$$(5-6)$$

这样，由建筑限差便可计算出放样中误差和施工中误差：

$$m_{放} = 0.335\Delta，m_{施} = 0.354\Delta$$

$$(5-7)$$

第二节　施工放样的种类和常用方法

一、施工放样的种类

施工放样的种类分为角度放样、距离放样、点位放样、直线放样、铅垂线放样和高程放样。

角度放样。角度放样的实质是：以某一已知方向为基准，放样出另一方向，使两方向间的夹角等于预定的角度。

距离放样。是将设计图上的已知距离按给定的起点和方向标定出来。

点位放样。是根据图上的被放样点的设计坐标将其标定到实地的测量工作。

直线放样。将设计图上的直线，如建筑物的轴线在实地标定出来。

铅垂线放样。为保证高层建筑物的垂直度，需要标定出铅垂线的测量工作。

高程放样。把设计图上的高程在实地标定出来。

上述放样都可归结为点的放样。

二、点和平面直线放样方法

放样点位的常用方法有交会法、归化法、极坐标法、自由设站法和 GNSS–RTK 法等。

（一）交会法

交会法包括距离交会法、角度交会法和轴线交会法等，这些方法已极少采用或基本不用，下面只做简介。

1. 距离交会法

特别适用于待放样点到已知点的距离不超过测尺长度并便于量距的情况。需要先根据放样点和已知点的坐标计算放样距离 S_A、S_B，然后在现场分别以两已知点为圆心，用钢尺以相应的距离为半径作圆弧，两弧线的交点即为待放样点的位置。

2. 角度交会法

放样元素 β_1、β_2 根据放样点和已知点的坐标计算得到，在已知点上架设仪器通过放样相应角度得放样点的位置。该法已基本不用。

3. 轴线交会法

A、B、C、D 为已知点，P_0 为待放样点。先建立施工坐标系，在 AB 轴线上 P_0 附近放样任意一点 P 点；将仪器安置于 P 点，并测夹角 a_1、a_2，可分别由 C、D 两点按一定公式

计算 P 点的坐标，取均值，比较 P、P_0 的坐标，将 P 移动到点，即完成放样。

(二) 归化法

归化法是将放样和测量相结合的一种放样方法。先初步放样出一点，再通过多测回观测获取该点的精确位置，与待放样量比较，获得改正量（归化量），通过（归化）改正，得到待放样点。归化法又分用归化法放样角度、放样点位和放样直线，由于现在很少采用，在此从略。

(三) 极坐标法

极坐标法是按极坐标原理进行的一种常用而简便的放样方法，A、B 为已知点，P 为待放样点，放样元素 β 和 S 可由 A、B、P 三点的坐标按下式得到：

$$\left.\begin{array}{l} \beta = \alpha_{AP} - \alpha_{AB} = \arctan\left(\dfrac{y_P - y_A}{x_P - x_A}\right) - \arctan\left(\dfrac{y_B - y_A}{x_B - x_A}\right) \\[3mm] S = \sqrt{(x_P - x_A)^2 + (y_P - y_A)^2} \end{array}\right\}$$

$$(5-8)$$

在 A 上架设仪器，通过放样角度 β 和距离 S，即得 P 的位置。

(四) 自由设站法

自由设站法是建立测量控制点网和进行测量放样的一种常用方法，比极坐标法更灵活方便。其做法如下：若有两个（或两个以上）已知点，全站仪可架设在任一个合适的地方，通过测量到已知点的边长和角度，可按最小二乘平差得到测站点的坐标，同时完成测站定向，即可进行控制网点、碎部点、变形监测点测量和工程放样。自由设站法放样是根据测站点和待放样点的坐标，计算出放样元素，采用极坐标法放样出各点，特别适用于已知点上不便于安置仪器的情况。在大部分情况下，自由设站法都可以代替交会法、归化法和其他放样方法。

自由设站法的原理：xoy 为施工坐标系，N 为控制点，P 为自由设站点，$x'Py'$ 是以 P 为坐标原点，以仪器度盘零方向为 x' 轴的局部坐标，α_0 为 x 和 x' 方向间的夹角，当在 P 点观测 P 点到 N 点的水平距离 S_N 和水平方向 α_N 后，即可在 $x'Py'$ 坐标系中求出 N 点的局部坐标：

$$\begin{cases} X'_N = S_N \cos\alpha_N \\ Y'_N = S_N \sin\alpha_N \end{cases}$$

$$(5-9)$$

由坐标转换原理可得:

$$\begin{cases} X_N = X_P + K\cos\alpha_0 X'_N - K\sin\alpha_0 Y'_N \\ Y_N = Y_P + K\sin\alpha_0 X'_N - K\cos\alpha_0 Y'_N \end{cases}$$

$$(5-10)$$

式中,K 为局部坐标系与施工坐标系长度比例系数。

令

$$c = K\cos\alpha_0 , \quad d = K\sin\alpha_0$$

$$(5-11)$$

则有

$$\begin{cases} X_N = X_P + cX'_N - dY'_N \\ Y_N = Y_P + dX'_N - cY'_N \end{cases}$$

$$(5-12)$$

若观测了 n 个已知点,当 $n \geqslant 2$ 时,则可按间接平差原理求得 4 个未知参数:

$$\begin{cases} c = \dfrac{[YY'] + [XX'] - \dfrac{1}{n}([X][X'] + [Y][Y'])}{[Y'Y'] + [X'X'] - \dfrac{1}{n}([X'][X'] + [Y'][Y'])} \\ \\ d = \dfrac{[YX'] + [XY'] - \dfrac{1}{n}([Y][X'] + [X][Y'])}{[Y'Y'] + [X'X'] - \dfrac{1}{n}([X'][X'] + [Y'][Y'])} \end{cases}$$

$$\begin{cases} X_P = \dfrac{[X]}{n} - c\dfrac{[X']}{n} + d\dfrac{[Y']}{n} \\ \\ Y_P = \dfrac{[Y]}{n} - c\dfrac{Y}{n} - d\dfrac{[X']}{n} \end{cases}$$

$$(5-13)$$

得到测站点的坐标,进而得 α_0,相当于完成了测站定向。

放样步骤:在任意点设站,对各已知点进行边角观测,求出点 P 的 X、Y 坐标,并完成测站定向,根据 P 点和放样点坐标,计算放样元素,采用极坐标法放样点。

按以上原理和公式可以设计自由设站法的程序,电子全站仪中大多设有自由设站功能,使用十分方便。

(五) GNSS-RTK 法

全球卫星导航系统实时动态定位技术 GNSS-RTK(Real Time Kinematic) 是一种全天

候、全方位的新型测量技术，是实时、准确地获取待测点位置的最佳方式。该技术是将基准站的相位观测数据及坐标等信息通过数据链方式实时传送给动态用户，用户将收到的数据链与自身采集的数据进行差分处理，从而获得动态用户的坐标，与设计坐标相比较，可以进行放样。

GNSS-RTK 又分两种：一种是通过无线电技术接受单基准站广播改正数的常规 RTK（单基站 RTK）；一种是基于 Internet 数据通信链获取虚拟参考站（VRS 技术）播发改正数的网络 RTK。下面说明单基站 GNSS-RTK 的作业方法和流程如下：

①收集测区的控制点资料。包括控制点的坐标、等级、中央子午线、坐标系等。

②求测区的坐标转换参数。GNSS-RTK 测量是在 WGS-84 坐标系中进行的，而测区的测量资料是在施工坐标系或国家坐标系（如北京 54 坐标系）下的，存在坐标转换的问题。GNSS-RTK 用于实时测量和放样，要求给出施工坐标系（或国家坐标系）的坐标，因此，坐标转换很重要。

坐标转换的必要条件是：至少有 3 个或 3 个以上的大地点有 WGS-84 坐标和施工坐标系或国家坐标系的坐标，利用布尔莎（Bursa）模型解求 7 个转换参数，即 X_0，Y_0，Z_0（两个坐标系的平移参数）和 ε_X，ε_Y，ε_Z（两个坐标系的旋转参数）以及 δ_U（两个坐标系的尺度参数）：

$$\begin{bmatrix} X_i \\ Y_i \\ Z_i \end{bmatrix}_{地方} = \begin{bmatrix} X_0 \\ Y_0 \\ Z_0 \end{bmatrix} + (1 + \delta_\mu) \begin{bmatrix} X_i \\ Y_i \\ Z_i \end{bmatrix}_{WGS-84} + \begin{pmatrix} 0 & \varepsilon_Z & -\varepsilon_Y \\ -\varepsilon_Z & 0 & \varepsilon_X \\ \varepsilon_Y & -\varepsilon_X & 0 \end{pmatrix} \begin{bmatrix} X_i \\ Y_i \\ Z_i \end{bmatrix}_{WGS-84}$$

$$(5-14)$$

在计算转换参数时，已知的大地点最好选在四周及中央，分布较均匀，能有效控制测区。若已知的大地点较多，可以选几个点计算转换参数，用另一些点做检验，经过检验满足要求的转换参数则认为是可靠的。

③工程项目参数设置。根据 GNSS 实时动态差分软件的要求，输入下列参数：施工坐标系或国家坐标系的椭球参数（长轴和偏心率）、中央子午线、测区西南角和东北角的经纬度、坐标转换参数以及放样点的设计坐标。

④野外作业。将基准站 GNSS 接收机安置在参考点上，打开接收机，将设置的参数读入 GNSS 接收机，输入参号点施工坐标系（或国家坐标系）的坐标和天线高，基准站接收机通过转换参数将参考点的施工坐标系坐标转化为 WGS-84 坐标，同时连续接收所有可视 GNSS 卫星信号，并通过数据发射电台将其测站坐标、观测值、卫星跟踪状态及接收机工作状态发送出去。流动站接收机在跟踪 GNSS 卫星信号的同时，接收来自基准站的数据，

进行处理后获得流动站的三维 WGS-84 坐标，再通过与基准站相同的坐标转换参数将 WGS-84 坐标转换为施工坐标系坐标，并在流动站的控制器上实时显示。接收机将实时位置与设计值相比较，得到改正（归化）值以指导放样。

据试验，用一台流动站进行公路中线放样，一天可完成 3km，包括主点放样和曲线细部点测设，用两台流动站交叉前进放样，一天放样 6~7km。

GNSS-RTK 特别适合顶空障碍较小地区的放样，并且不会产生误差累积。

三、铅垂线放样方法

沿重力方向的直线称为铅垂线。下端系一重物的悬吊细绳，静止时细绳所在直线就是铅垂线。为了保证高层建筑物的垂直度，需要放样铅垂线。目前主要采用下面两种方法放样铅垂线：

一是全站仪+弯管目镜投点法。将全站仪架设在需要放样铅垂线的点上，卸下仪器望远镜上的目镜，装上弯管目镜，使望远镜的视线指向天顶，在需要放样的高程上，设置投点面，照准部每旋转 90°向上投一点，可得到 4 个对称点，取中点（可提高精度）作为最终投点，即完成铅垂线放样。这种方法在高层建筑的施工中用得较多。

二是铅垂仪法。光学铅垂仪是专门用于放样铅垂线的仪器，它有两个相互垂直的水准管用于整平仪器，仪器可以向上或向下做垂直投影，因此有上下两个月镜和两个物镜。垂直精度为 1/30000~1/200000。

第三节　特殊的施工放样方法

对于特殊的工程，需要采取特殊的放样方法，如对超长型大桥工程，须采用网络 RTK 法放样；而对不规则建筑，常采用三维坐标法放样。下面结合实例简要讲述。

一、大跨度桥梁放样的网络 RTK 法

某跨海大桥工程连接岸上深水港航运中心与 30km 外的近海小岛，为满足航运的要求，中部主跨宽 430m，设大型双塔双索斜拉桥。为确保施工速度与施工质量，采用变水上施工为陆上施工的方案，在两个主桥墩位置各沉放一个预制钢施工平台，每个预制钢施工平台由 12 个导管架组成，导管架为 φ1000 钢管桁架。通过测量指挥导管架沉放到位后，在导管中打入钢管固定导管架，拼装作业平台。导管架沉放位置与主桥墩设计灌注桩位空间纵横交错，其沉放位置直接影响到灌注桩的施工。设计方对导管架沉放定位提出了平面及

高程小于 10cm 的精度要求。

该工程在岸上与小岛上已设施工控制点各 3 个，并已提供 WGS-84 坐标、北京 54 坐标及其转换七参数，工程位置离控制点距离分别约 14km 及 16km。常规测量手段无法进行坐标定位，网络 RTK 实时动态定位技术成了导管架沉放定位的唯一手段。

(一) 网络 RTK 法的原理

网络 RTK，又称多基准 RTK，一般用两个或两个以上基准站来覆盖整个测区，利用多个基准站观测数据，对电离层、对流层以及观测误差的误差模型进行优化，从而降低载波相位测量改正后的残余误差及接收机钟差和卫星钟差改正后的残余误差等因素的影响，使流动站的精度控制在厘米级。

实时动态测量的基本思想是：在多个基准站上安置 GNSS 接收机，对所有可见 GNSS 卫星进行连续观测，并将其观测数据通过无线电传输设备，实时地发送给用户观测站。在流动站上，GNSS 接收机在接收 GNSS 卫星信号的同时，通过无线电接收设备接收基准站传输的观测数据和转换参数，然后根据 GNSS 相对定位的原理，即时解算出相对基准站的基线向量和流动站的 WGS-84 坐标。然后通过预设的 WGS-84 坐标系与地方坐标系的转换参数，实时地计算并显示用户需要的三维坐标及精度。该工程使用了多台双频 GNSS 接收机，其标称精度为 $10mm+1\times1ppm$。

随着 CORS 的建立和应用，网络 RTK 将广泛应用于控制、碎部测量和施工放样。

(二) 导管架定位

由 12 个导管架组成的海上施工平台，提供有设计坐标（1954 年北京坐标系、1985 国家高程基准），利用 RTK 随机软件可方便求出 WGS-84 坐标系与设计坐标系的转换参数，从而设置 GNSS 接收机，实测出沉放过程中所需要的设计坐标。

因排水需要，施工平台面有一定倾角，且平台轴线与设计坐标间存在夹角。为了方便操作，如图 5-1 所示建立施工平台坐标系，平台面内 X 轴、Y 轴分别平行、垂直于平台轴线，定义垂直于 OXY 平面向上为 Z 轴正向。这样，每个导管架的空间位置在平台坐标系中被唯一确定。

每个导管架在制造厂加工完成后，均用全站仪进行公差检测，公差符合要求方可沉放。加工时在如图 5-1 所示的 CR1、CR2、CR3 三个位置处设置仪器基座，作为沉放时安置 GNSS 天线用。加工完后用全站仪标定出三个仪器基座与加工轴线的关系，换算出其在施工平台坐标系中的空间坐标，作为沉放的理论坐标。

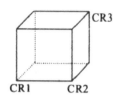

图 5-1 仪器基座与加工轴线的关系

导管架沉放时，在 CR1、CR2、CR3 各安置一台 RTK 流动站，实时测定其设计坐标。由于沉放过程中的导管架倾斜、旋转，海上又无法实地标定出施工平台轴线的位置，因此很难直观地计算沉放过程中的调整量。将测得的 1954 年北京坐标系转换到平台坐标系后，可方便计算导管架纵向（CR1-CR2 向）、横向（CR2-CR3 向）方位的旋转量及整个导管架与设计位置的较差，指挥沉放作业，直至符合精度要求。操作中，编程进行坐标转换和偏差计算，采用 PDA 现场指挥作业。

（三）放样精度检测

为了验证 RTK 作业精度，在作业过程中，可采取以下两种检测方法：

一是由 CR1、CR2、CR3 三点实测坐标来计算其空间距离，与全站仪标定的空间距离进行比较。通过对 200 多组实测数据的统计，空间距离较差超过 10cm 的仅有两组，具体较差分布见表 5-1。

表 5-1 较差统计情况

较差范围/cm	<5	5~7	7~10	>10
百分比/%	58.4	33.0	7.9	0.7

二是用 GNSS 静态相对定位方法对沉放的导管架进行三点检测，其平面坐标较差为 4cm，高程坐标较差不超过 7cm。

操作中，为了避免流动站受到接收信号强弱的影响，对空间距离较差超过 7cm 的观测数据进行重测。实践证明：对跨海大桥这样的特殊工程采用网络 RTK 技术进行施工平台定位，可满足定位要求。

二、异形建筑放样的三维坐标法

异形建筑是指造型新颖、结构复杂，由圆形、球状和不规则曲面构成的大型建筑工程，如鸟巢、水立方、国家歌剧院、国内外奥林匹克场馆等。异形建筑的施工放样，难度要远高于一般建筑物。下面以上海国际会议中心为例进行说明。

上海国际会议中心造型新颖别致，球体与主建筑不规则相交，球体网架下部支撑于 3 层平台，上部支撑于6层平台，设置有水平支座，球体内部有4层，3~6层间约有3/4个球面镶嵌在建筑物上，6层以上为完整球面。球体边部与剪力墙相交处设置有垂直支座，在4、5、6层钢筋混凝土楼板上设有与球体相连接的水平梁。球体为双向正交肋环单层网壳，由9根主经杆和63根次经杆，以及22圈纬杆构成，钢结构呈穹隆型，并镶嵌玻璃幕墙。

设计要求为：所有杆件节点位置极限误差不超过5mm，即中误差控制在2.5mm。采用以三维坐标法为主的施工放样，由袖珍计算机配合全站仪组成实时三维放样测量系统。

(一) 施工控制网的布设

平面控制网建立在球体内部。考虑到本工程是网架安装与建筑土建同时施工，建筑楼板又是分期浇筑，因此，控制网只能分期布设。当土建施工到17.3m平台，根据土建平台与球体网架基座的关系，测设十字控制线和圆心点。在17.3m平台上的十字控制线从圆心向两边各量9.5m（因为最上面一层平台半径仅有11.5m），定出1~4号4个基准控制点，如图5-2所示。通过传递，这4个控制点也是上面4、5、6层控制网的基准控制点。

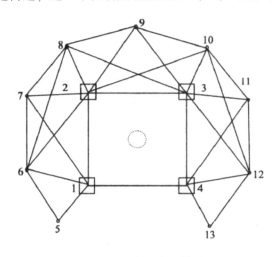

图 5-2　各层施工控制网

高程传递采用悬挂钢尺法，由精密水准仪将高程传递到各层，以形成各层的高程控制。

在17.3m平台以上的三层平台土建施工时，要求土建施工单位配合，在1~4号4个控制点的正上方预留0.3m×0.3m的矩形孔，在1~4号基准控制点上用铅垂投点仪将平面点位传递到上层。为了保证各期控制网坐标系的统一，将向上传递后的4个点作为上一层施工控制网的基本控制点，并与上一层9个主经杆方向上的安装控制点构成边角网。经平差后，最终算得各控制点的实测值，通过采用归化法将其精确归化到各自的轴线上。

为保证各期控制网点位的相对精度，使各期控制网实现最佳吻合，在17.3m平台以上的各期控制网采用了拟稳平差模型。在各期控制网的平差中将各控制点的设计坐标作为近似坐标输入，平差后得各点坐标的改正数，各点的归化量即为各点改正数的反号。

(二) 三维坐标法放样

1. 点位放样精度分析

O 为测站点，P 为放样点，S 为斜距，Z 为天顶距，α 为水平方位角，则 P 点相对测站点的三维坐标为：

$$\begin{cases} X = S\sin Z\cos\alpha \\ Y = S\sin Z\sin\alpha \\ H = S\cos Z \end{cases}$$

$$(5-15)$$

按照测量误差理论，由上式可求得三维坐标法放样的精度为：

$$\begin{cases} m_X^2 = m_S^2 \sin^2 Z \cos^2\alpha + S^2 \cos^2 Z \cos^2\alpha \cdot m_Z^2/\rho^2 + S^2 \sin^2 Z \sin^2\alpha \cdot m_\alpha^2/\rho^2 \\ m_Y^2 = m_S^2 \sin^2 Z \sin^2\alpha + S^2 \cos^2 Z \sin^2\alpha \cdot m_Z^2/\rho^2 + S^2 \sin^2 Z \cos^2\alpha \cdot m_\alpha^2/\rho^2 \\ m_H^2 = m_S^2 \cos^2 Z + S^2 \sin^2 Z \cdot m_Z^2/\rho^2 \, ; \ \rho = 206265 \end{cases}$$

采用精度为 $m_Z = m_\alpha = 2''$、$m_S = \pm 1mm + 2 \times 10^{-6}S$ 的全站仪，当测站至放样点的距离为 10~30m 时，m_X、m_Y、m_H 的精度均高于 $\pm 1mm$。

为验证上述的理论分析，对实际放样点的精度进行检测。采用经检验后的钢尺丈量放样点间的相对距离，与理论值比较，其放样点的平面位置精度 $m_P \leqslant \pm 2mm$；同样，对放样点的高程与等级水准测量的结果进行比较，均小于 $\pm 2mm$。

2. 临时控制点的放样

以上建立的用于放样 9 根主经杆的控制点，可方便用于控制 9 根主经杆沿球的切线方向和法线方向安装就位。然而对于 63 根次经杆的安装，同样需要控制点来指挥安装就位。为了方便作业，采用一种简便方法来建立相应的 63 个临时控制点。其方法是利用已建立的 9 个主经杆方向上的控制点，每两个主经杆控制点（A，B）之间有 7 个次经杆控制点，并且各点之间与球心间隔角度为 5°。在两个主经杆控制点之间连接一长条钢板，并用膨胀螺丝将其固定在楼板上，然后计算出各临时控制点沿 AB 时方向与 A 点的距离，从而在钢板上对临时控制点进行标记。其临时控制点坐标及距离的计算如下：

AB 的直线方程为：

$$\frac{Y_i - Y_A}{X_i - X_A} = \frac{Y_B - Y_A}{X_B - X_A} \, , \ i = 1, \ 2, \ \cdots, \ 7$$

$$(5-16)$$

过球心 O、方向为 α_i 的第 i 个临时控制点直线方程为:

$$Y_i - Y_0 = \tan\alpha_i(X_i - X_0)$$

$$(5-17)$$

上面二式联立求得第 i 个临时控制点的坐标为:

$$\begin{cases} X_i = \dfrac{(Y_o - Y_A - X_0\tan\alpha_i)(X_B - X_A) + (Y_B - Y_A)X_A}{(Y_B - Y_A) - (X_B - X_A)\tan\alpha_i} \\ Y_i = \dfrac{(Y_B - Y_A)(Y_o + X_A - X_o) - Y_A(X_B - X_A)\tan\alpha_i}{(Y_B - Y_A) - (X_B - X_A)\tan\alpha_i} \end{cases}$$

$$(5-18)$$

第 i 个临时控制点到 A 点的距离为:

$$S_{Ai} = \sqrt{(X_A - X_i)^2 + (Y_A - Y_i)^2}, \quad i=1, 2, \cdots, 7$$

$$(5-19)$$

3. 经、纬杆节点坐标的计算

球钢结构主要由经杆和纬杆组成,其材料采用特殊的矩形钢管,测量时无法直接观测到矩形钢管节点的中心,因此只能通过观测其经、纬杆表面位置来计算其中心点的坐标,或以设计图纸上经、纬杆中心位置坐标来推算其表面位置的放样坐标。安装放样时,将平面反射片标志粘贴在钢管表面位置。设 (X'_i, Y'_i, H'_i) 为钢管几何中心的坐标;(X_i, Y_i, H_i) 为钢管表面放样点的坐标;b 为钢管的厚度;得:

$$\sin\theta = \frac{H'_i - H_o}{\sqrt{(X'_i - X_o)^2 + (Y'_i - Y_o)^2 + (H'_i - H_o)^2}}$$

$$(5-20)$$

$$\cos\theta = \sqrt{1 - \sin^2\theta}$$

$$(5-21)$$

$$\begin{cases} X_i = \left(R - \dfrac{b}{2}\right)\cos\theta\cos\alpha + X_o \\ Y_i = \left(R - \dfrac{b}{2}\right)\cos\theta\sin\alpha + Y_o \\ H_i = \left(R - \dfrac{b}{2}\right)\sin\theta + H_o \end{cases}$$

$$(5-22)$$

4. 球与钢筋混凝土墙面不规则相交放样坐标计算

钢球与土建垂直墙面在 3~6 层有两处相交,并在该两处墙面各设置 11 只垂直支座,从而与各纬圈相连接。

在竖直平面一处相交，得交线方程如下：

$$\begin{cases} (X - X_0)^2 + (Y - Y_0)^2 + (H - H_0)^2 = R^2 \\ X - X_0 = 0.45 \end{cases}$$

$$(5-23)$$

式中，$X_0 = Y_0 = 0$，$H_0 = 22.600m$，R 为球半径。

由于上式为 Y-H 平面曲线，故只要设定 H 就可求出相应的 Y 值。

同样，在竖直平面两处相交，得交线方程如下：

$$\begin{cases} (X - X_0)^2 + (Y - Y_0)^2 + (H - H_0)^2 = R^2 \\ Y - Y_0 = -8.55 \end{cases}$$

$$(5-24)$$

式中，(X_0, Y_0, H_0) 为球心坐标，R 为球半径。

由于式（5-30）为 X-H 平面曲线，放样分两步：第一步在混凝土墙面浇筑前，放样 22 只预埋件；第二步是混凝土浇筑后，在预埋件上精确放样出 22 只垂直支座，以使其能与各纬圈精密连接。

（三）钢结构球体网架安装步骤

一是在地面将径向杆件在胎模上预拼装成大约 6.5m 长的构件。球体径向构件分成 5~6 段。自支座起向上逐条安装。安装时，在 6 层以下部位以外脚手架为主要支撑，用手拉葫芦将预拼的径向杆件吊起、就位。

二是安装第一根径向杆时，须待 4 层（+23.90m）砼浇筑完成，在该层砼板侧向设置预埋铁，以便经杆安装时做固定支撑点。用脚手管、扣件组成空间桁架固定经杆上部。

三是通过测量仪器及样棒确定系统经杆端点的空间位置后，固定经杆，依次烧焊端顶的纬杆。端顶纬杆焊完围成圈后，复测第一层经杆及端顶纬杆的空间位置，检查合格后可进行端顶至支座的纬杆并开始安装第二根经杆，以此逐层向上安装。

四是球体构架安装至 6 层时，须搭设满堂脚手架来临时固定经杆及焊接安装。因 6 层至球体构架距离较远，且脚手管固定经杆强度及稳定性不够，故采用 10 号~20 号槽钢双拼组成临时支撑杆进行经杆固定。

五是第三段经杆用槽钢固定在 5 层钢筋混凝土楼板外沿，第四、五段用槽钢固定在 6 层钢筋混凝土楼板及外沿处。

六是球体顶部第一节的经杆在地面进行预拼成型。第六段经杆安装时，与第五段经杆连接采用点焊固定，然后利用塔吊将预拼的球体顶部第一节吊装就位，以球体顶部构件及第五段经杆对第六段经杆进行校正，校正完毕后满焊固定。

七是每段经向组装构件安装时采用专用夹具初步就位，在测量、复查合格后，用刚性连接零件点焊固定构件。

八是网壳由下而上逐段安装，内、外钢管脚手架，顶撑及斜撑、拉杆等配合工作同步跟上施工进度。

(四) 袖珍计算机配合全站仪放样

一是实现全站仪与袖珍计算机的连接通信，实测数据可直接传输给计算机，从而避免数据抄记、输入错误。

二是所有计算及平差全由袖珍计算机程序完成，大大减轻了人工计算的复杂性。

三是本项目每层所有的控制点（每层 72 点，共 4 层）成果均存入袖珍计算机，使用时只要输入点号就能调出三维坐标。

四是所有经、纬杆节点的放样坐标均存入袖珍计算机中。放样时，只要输入测站号、后视方向号及放样点号，就能调出相应的放样坐标及放样元素，以供直接放样，大大简化了外业步骤。

第四节　道路曲线及放样数据计算

一、圆曲线

圆曲线分为单圆曲线和复曲线两种。具有单一半径的曲线称为单圆曲线，具有两个或两个以上不同半径的曲线称为复曲线。因此，复曲线由两个或两个以上的单圆曲线构成，可以分段进行分析。

(一) 圆曲线及其构成

线路在交点 JD 处改变方向，线路方向（线路转向角 α）确定后，圆曲线半径 R 的大小由设计人员根据地形及地物分布状况按设计规范加以选择。这样，圆曲线和两直线段的切点位置 ZY 点、YZ 点便被确定下来，对圆曲线相对位置起控制作用的直圆点 ZY、圆直点 YZ 和曲中点 QZ 称为圆曲线的主点。

线路转向角 α、圆曲线半径 R、切线长 T（交点至直圆点或圆直点的长度）、曲线长 L

（由直圆点经曲中点至圆直点的弧长）、外矢距 E（交点至圆曲线中点的距离）和切曲差 q（切线长和曲线之差）称为圆曲线的曲线要素。所谓曲线要素，是指确定曲线形状、计算曲线坐标必需的元素，只要知道了圆曲线上述 6 个曲线要素，便可进行曲线计算和实地放样了。

（二）曲线要素及主点里程计算

曲线偏角 α 是在线路详测时测放出的，圆曲线半径 R 是在设计中根据线路的等级以及现场地形条件等因素选定的，其余要素可根据以下公式计算：

$$
\begin{cases}
T = R\tan\dfrac{\alpha}{2} \\[2mm]
L = R\alpha\,\dfrac{\pi}{180^\circ} \\[2mm]
E = R\left(\sec\dfrac{\alpha}{2} - 1\right) \\[2mm]
q = 2T - L
\end{cases}
$$

（5-25）

圆曲线的主点应标注里程。计算方法如下：

$$
\begin{cases}
K_{ZY} = K_{Jd} - T \\[2mm]
K_{Qz} = K_{ZY} + L/2 \\[2mm]
K_{YZ} = K_{ZY} + L \\[2mm]
检核：K_{Jd} = K_{Qz} + q/2 = K_{ZY} + T
\end{cases}
$$

（5-26）

（三）圆曲线中线点独立坐标计算

以 ZY 点（或 YZ 点）为坐标原点 o'（或 o''），通过 ZY 点（或 YZ 点）并指向交点 JD 的切线方向为 x' 轴（或 x'' 轴）正向，过 ZY 点（或 YZ 点）且指向圆心方向为 y' 轴（或 y'' 轴）正向，分别建立两个独立的直角坐标系 $x'o'y'$（或 $x''o''y''$），其中坐标系对应于圆曲线 $ZY \sim QZ$ 段；坐标系 $x''o''y''$ 对应于圆曲线 $YZ \sim QZ$ 段。对于 $ZY \sim QZ$ 段上任意一点 i，若要计算其在 $x'o'y'$ 中的坐标，设其在线路中的里程桩号为 K_i，则 ZY 点至 i 点的弧长 L_i 为：

$$ L_i = K_i - K_{ZY} $$

（5-27）

其对应的圆心角为 φ_i。

由圆曲线性质，可得测设元素：

$$\begin{cases} \varphi_i = \dfrac{L_i\,180^\circ}{\pi R} \\[2mm] x_i = R\sin\varphi_i \\[2mm] y_i = R(1-\cos\varphi_i) \end{cases}$$

$$(5\text{-}28)$$

$x''o''y''$ 坐标系中，圆曲线 $YZ \sim QZ$ 段上任意一点的独立坐标计算公式与式（5-28）相同，但弧长 L_i 的计算公式不能用式（5-27），而是用下式计算：

$$L_i = K_{yz} - K_i$$

$$(5\text{-}29)$$

（四）圆曲线中线点线路坐标计算

设 JD 的线路坐标为 (X_{JD}, Y_{JD})，ZY 点到 JD 点的线路坐标方位角为 α'_Q，YZ 点到 JD 点的线路坐标方位角为 α''_Q。则可以分别求得 ZY 点、YZ 点的线路坐标为：

$$\begin{cases} X_{ZY} = X_{JD} - T \cdot \cos\alpha'_Q \\[1mm] Y_{ZY} = X_{JD} - T \cdot \sin\alpha'_Q \\[1mm] X_{YZ} = X_{JD} - T \cdot \cos\alpha''_Q \\[1mm] Y_{YZ} = X_{JD} - T \cdot \sin\alpha''_Q \end{cases}$$

$$(5\text{-}30)$$

利用坐标换算公式，即可把 $ZY \sim QZ$ 段线路上 $x'o'y'$ 坐标系中任意一点 i 的独立坐标 (x_i, y_i) 转换为线路坐标 (X_i, Y_i)，即：

$$\begin{cases} X_i = X_{ZY} + x_i \cdot \cos\alpha'_Q - y_i \cdot \sin\alpha'_Q \\[1mm] Y_i = Y_{ZY} + x_i \cdot \sin\alpha'_Q + y_i \cdot \cos\alpha'_Q \end{cases}$$

$$(5\text{-}31)$$

同样，利用坐标换算公式，也可把 $YZ \sim QZ$ 段线路上 $x''o''y''$ 坐标系中任意一点 j 的独立坐标 (x_i, y_i) 转换为线路坐标 (X_i, Y_i)，即：

$$\begin{cases} X_j = X_{YZ} + x_j \cdot \cos\alpha''_Q + y_j \cdot \sin\alpha''_Q \\[1mm] Y_j = Y_{YZ} + x_j \cdot \sin\alpha''_Q - y_j \cdot \cos\alpha''_Q \end{cases}$$

$$(5\text{-}32)$$

需要说明的是，式（5-31）和式（5-32）均是以线路偏角 α 为右折角的情况推导出来的。当线路偏角 α 为左折角时，只需要用 "$-x_i$ 或 $-y_i$" 代替 "x_i 或 y_i" 即可。

二、带缓和曲线的圆曲线

缓和曲线是直线与圆曲线之间或半径相差较大的两个转向相同的圆曲线之间介入的一段曲率半径由 ∞ 渐变至圆曲线半径 R 的一种线型，它起缓和及过渡的作用。

（一）缓和曲线常数的确定

在圆曲线两端加设等长的缓和曲线 L_s 以后，曲线主点包括：直缓点 ZH、缓圆点 HY、曲中点 QZ、圆缓点 YH、缓直点 HZ。

β_0 为缓和曲线的切线角，即缓和曲线所对的中心角。自圆心向直缓点 ZH 或缓直点 HZ 的切线作垂线 OC 和 OD，并将圆曲线两端延长至垂线，则 m 为直缓点 ZH（或缓直点 HZ）至垂足的距离，称为切垂距（也称切线增量）；P 为垂线长 OC 或 OD 与圆曲线半径 R 之差，称为圆曲线内移量。

m、P 和 β_0 称为缓和曲线参数，可分别由下式求得：

$$\begin{cases} m = \dfrac{L_s}{2} - \dfrac{L_s^3}{240R^2} \\[2mm] P = \dfrac{L_s^2}{24R} \\[2mm] \beta_0 = \dfrac{L_s}{2R} \cdot \dfrac{180^\circ}{\pi} \end{cases}$$

$$(5-33)$$

（二）曲线综合要素的计算

带缓和曲线的圆曲线的综合曲线要素是：线路转向角 α、圆曲线半径 R、缓和曲线长 L_s、切线长 T_H、曲线长 L_H、外矢距 E_H 和切曲差 q。即在圆曲线的曲线要素基础上加缓和曲线长 L_s。

当确定线路转角 α、圆曲线半径 R 和缓和曲线长 L_s 之后，先由式（5-33）计算缓和曲线常数，然后计算下述各综合要素：

$$\begin{cases} T_H = m + (R + P)\tan\dfrac{\alpha}{2} \\[2mm] L_H = \dfrac{\pi R}{180}(\alpha - 2\beta_0) + 2L_s \\[2mm] E_H = (R + P)\sec\dfrac{\alpha}{2} - R \\[2mm] q = 2T_H - L_H \end{cases}$$

$$(5-34)$$

（三）曲线主点里程的计算

带缓和曲线的圆曲线主点由原来的 3 个增加到 5 个，分别为：ZH（直缓点）、HY（缓圆点）、QZ（曲中点）、YH（圆缓点）、HZ（缓直点）。

交点 JD 的里程是由设计提供的，为设计值。若用 K_{JD} 来表示交点 JD 的里程，则曲线主点里程计算如下：

$$\begin{cases} K_{ZH} = K_{JD} - T_H \\ K_{HY} = K_{ZH} + L_s \\ K_{QZ} = H_{ZH} + L_H/2 \\ K_{YH} = K_{HY} + L_H \\ K_{HZ} = K_{YH} + L_s \\ 检核\ K_{JD} = K_{QZ} + q/2 \end{cases}$$

$$(5-35)$$

（四）曲线独立坐标计算

以 ZH 点（或 HZ 点）为坐标原点 o'（或 o''），通过 ZH 点（或 HZ 点）并指向交点 JD 的切线方向为 x' 轴（或 x'' 轴）正向，过 ZH 点（或 HZ 点）且指向曲线弯曲方向为 y' 轴（或 y'' 轴）正向，分别建立两个独立的直角坐标系 $x'o'y'$（或 $x''o''y''$）。其中，坐标系 $x'o'y'$ 对应于缓和曲线 ZH~HY 段，坐标系 $x''o''y''$ 对应于缓和曲线 HZ~YH 段。而圆曲线部分既可以在 $x'o'y'$ 坐标系中计算，也可以在 $x''o''y''$ 坐标系中计算。

1. 缓和曲线段独立坐标计算

在 $x'o'y'$ 中，若要计算 ZH~HY 段上任意一点 i 的坐标，设其在线路中的里程桩号为 K_i，则 ZH 点至 i 点的弧长 l_i 为：

$$l_i = K_i - K_{2H}$$

$$(5-36)$$

这里不加推导地直接给出缓和曲线段独立坐标的简化计算公式为：

$$\begin{cases} x_i = l_i - \dfrac{l_i^5}{40R^2 L_s^2} \\ y_i = \dfrac{l_i^3}{6RL_s} \end{cases}$$

$$(5-37)$$

式中，l_i 为自 ZH 点起的曲线长，L_s 为缓和曲线长，R 为曲线半径。

$x''o''y''$ 坐标系中，缓和曲线 $HZ \sim YH$ 段上任意一点的独立坐标计算公式同式（5-43），但 HZ 点到 i 点的弧长 l_i 的计算公式为：

$$l_i = K_{HZ} - K_i$$

（5-38）

2. 圆曲线段独立坐标计算

在 $x'o'y'$ 中，若要计算圆曲线段（$HY \sim YH$ 段）上任意一点 i 的坐标，可以看出：

$$\begin{cases} x_i = m + R\sin\varphi_i \\ y_i = p + R(1 - \cos\varphi_i) \end{cases}$$

（5-39）

其中，

$$\begin{cases} \varphi_i = \beta_0 + \dfrac{l_i - L_s}{R} \cdot \dfrac{180}{\pi} = \dfrac{l_i - 0.5L_s}{R} \cdot \dfrac{180}{\pi} \\ l_i = K_i - K_{ZH} \end{cases}$$

（5-40）

若要在 $x''o''y''$ 坐标系中来计算圆曲线段上任意一点 i 的坐标，仍可以用公式（5-39）和式（5-40），但弧长 l_i 应采用式（5-38）计算。

（五）曲线线路坐标计算

设 JD 的线路坐标为（X_{JD}，Y_{JD}），ZH 点到 JD 点的线路坐标方位角为 α_{ZH}，HZ 点到 JD 点的线路坐标方位角为 α_{HZ}，则可以分别求得 ZH 点、HZ 点的线路坐标为：

$$\begin{cases} X_{ZH} = X_{JD} - T \cdot \cos\alpha_{ZH} \\ Y_{ZH} = X_{JD} - T \cdot \sin\alpha_{ZH} \\ X_{HZ} = X_{JD} - T \cdot \cos\alpha_{HZ} \\ Y_{HZ} = X_{JD} - T \cdot \sin\alpha_{HZ} \end{cases}$$

（5-41）

利用坐标换算公式，即可把 $ZH \sim YH$ 曲线段上 $x'o'y'$ 坐标系中任意一点 i 的独立坐标（x_i，y_i）转换为线路坐标（X_i，Y_i），即：

$$\begin{cases} X_i = X_{ZH} + x_i \cdot \cos\alpha_{ZH} - y_i \cdot \sin\alpha_{ZH} \\ Y_i = Y_{ZH} + x_i \cdot \sin\alpha_{ZH} + y_i \cdot \cos\alpha_{ZH} \end{cases}$$

（5-42）

同样，利用坐标换算公式，也可把 $HY \sim HZ$ 曲线段上 $x''o''y''$ 坐标系中任意一点 j 的独立坐标 $(x_i,\ y_i)$ 转换为线路坐标 $(X_i,\ Y_i)$，即

$$\begin{cases} X_j = X_{HZ} + x_j \cdot \cos\alpha_{HZ} + y_j \cdot \sin\alpha_{HZ} \\ Y_j = Y_{HZ} + x_j \cdot \sin\alpha_{HZ} - y_j \cdot \cos\alpha_{HZ} \end{cases}$$

$$(5\text{-}43)$$

需要说明的是，式（5-42）和式（5-43）均是以线路偏角 α 为右折角的情况推导出来的。当线路偏角 α 为左折角时，只需要用"$-x_i$或$-y_i$"代替"x_i或y_i"即可。

三、回头曲线

为克服地形障碍，线路一次改变方向 180° 以上，所设置的由直线、缓和曲线和圆曲线组成的曲线称回头曲线（亦称套线）。回头曲线的曲线要素计算公式如下：

$$\begin{cases} \alpha = 360^{\circ} - (\theta_1 + \theta_2) \\ T = (R + P)\tan\left(\dfrac{\theta_1 + \theta_2}{2}\right) - m \\ L = \dfrac{\pi \cdot R}{180^{\circ}} \cdot (\alpha - 2\beta_0) + 2l_0 \end{cases}$$

$$(5\text{-}44)$$

四、竖曲线

纵断面上相邻两条纵坡线相交的转折处，为了行车平顺用一段曲线来缓和，这条连接两纵坡线的曲线叫竖曲线。竖曲线的形状，一般采用二次抛物线形式。

纵断面上相邻两条纵坡线相交形成转坡点，其相交角用转坡角表示。设相邻两纵坡度分别为 i_1 和 i_2，则相邻两坡度的代数差即转坡角为 $\omega = i_1 - i_2$，其中 i_1、i_2 为本身之值，当上坡时取正值，下坡时取负值。当 $i_1 - i_2$ 为正值时，竖曲线转坡点在曲线上方，则为凸形竖曲线；当 $i_1 - i_2$ 为负值时，为凹形竖曲线。

（一）竖曲线基本方程和曲线要素计算

采用二次抛物线作为竖曲线的基本方程为 $x^2 = 2Py$，若取抛物线参数 P 为竖曲线的半径 R，则有：

$$x^2 = 2Ry, \quad y = \frac{x^2}{2R}$$

$$(5\text{-}45)$$

切线上任意点与竖曲线间的竖距 h 通过推导可得 $h = PQ = y_p - y_q = \dfrac{l^2}{2R}$；

竖曲线曲线长 $L = R\omega$；

竖曲线切线长 $T = T_A = T_B \approx \dfrac{L}{2} = \dfrac{R\omega}{2}$；

竖曲线的外距 $E = \dfrac{T^2}{2R}$；

竖曲线上任意点至相应切线的距离 $y = \dfrac{x^2}{2R}$。

式中，x 为竖曲线任意点至竖曲线起点（终点）的距离；R 为竖曲线的半径。

（二）竖曲线计算

竖曲线计算的目的是确定设计纵坡上指定桩号的路基设计标高，其计算步骤如下：

计算竖曲线的基本要素：竖曲线长 L，切线长 T，外距 E。

计算竖曲线起终点的桩号：竖曲线起点的桩号=变坡点的桩号$-T$；竖曲线终点的桩号=变坡点的桩号$+T$。

计算竖曲线上任意点切线标高及改正值：

切线标高二变坡点的标高 $\pm (T - x) \times i$，改正值：$y = \dfrac{x^2}{2R}$。

计算竖曲线上任意点设计标高：

某桩号在凸形竖曲线的设计标高=该桩号在切线上的设计标高$-y$；某桩号在凹形竖曲线的设计标高=该桩号在切线上的设计标高$+y$。

五、曲线测设方法

曲线测设（或曲线放样）包括曲线主点测设和曲线点放样、平面和高程放样、曲线中线和边线放样。曲线放样的方法较多，过去的偏角法和切线支距法，现在已基本不用了。极坐标法、自由设站法和 GNSS-RTK 法是曲线测设的常用方法，可根据情况选用。

第六章
施工测量

第一节　建筑工程

一、建筑物点位放线

建筑物点位放线就是把建筑物主轴线的交点桩（角桩）测设于地面，以确定建筑物的位置，并作为基础放样和细部放样的依据。定位的方法很多，根据施工现场情况及设计条件不同，主要有以下四种：

（一）根据与原有建筑物的关系定位

在建成区内新增建筑物时，一般设计图上都是给出新建筑物与附近原有建筑物的相互关系。

1. 延长直线法定位

先作 AB 边的平行线 $A'B'$，在 B' 点置仪器作 $A'B'$ 的延长线 $E'F'$，再置仪器于 $E'F'$ 测设 $90°$ 而定出 EG 和 FH。

2. 平行线法定位

在 AB 边的平行线上的 $A'B'$ 两点安置全站仪，分别测设 $90°$ 定出 GE、HF。

3. 直角坐标法定位

先在 B' 点安仪器作 $A'B'$ 延长线，丈量 y 值定出 E' 点，在 E' 点测设 $90°$ 丈量 $E'E$ 值定 E 点，量 EF 定 F 点，在 E、F 点设置仪器定出 G、H 点。

用以上方法定出 EF、GH 后，均要实量两对边是否相等，对角线是否一致，以做校对。

（二）根据建筑方格网定位

在新建区已有建筑方格网的场地中，可根据建筑物和附近方格网点的坐标，用直角坐标法进行测设。

先在 I 点置仪器点，在视线上量取 IA'距离得 A'点，再由 A'点沿视线量 A'B'得点，分别于 A'、B'点置仪器测直角定 A、B 延长定 C、D，检测 AB、CD 的长度，或角 C、角 D 是否为 90°。

（三）根据建筑红线定位

建筑红线又称规划红线，是经规划部门审批并由国土管理部门在现场直接放样出来的建筑用地边界点的连线，规划红线具有法律效力。

测设时，可根据设计建筑物与建筑红线的位置关系，利用建筑用地边界点测设。规划部门在现场测设的建筑用地边界点，叫作"建筑红线"桩。楼房就是根据该红线定位的。

（四）根据控制点定位

在山区或建筑场地障碍较多、敷设方格网比较困难时，可以根据建筑场地布设的导线点、三角点等控制点和建筑物主轴线的设计坐标，用极坐标法、角度交会法或距离交会法测设定位点。

二、基础施工测量

基础施工测量的主要任务是在槽壁上测设基槽水平桩，为指示挖槽深度、清理槽底和打垫层提供高程依据。基础施工测量实质是控制基槽开挖深度，不得超挖基底。当基槽挖到离槽底 0.3~0.5 m 时，用高程放样的方法在槽壁上钉水平控制桩。

（一）基槽抄平

建筑施工中的高程测设，又称抄平。

1. 设置水平桩

为了控制基槽的开挖深度，当快挖到槽底设计标高时，应用水准仪根据地面±0.000 m 点，在槽壁上测设一些水平小木桩（称为水平桩），使木桩的上表面离槽底的设计标高为一固定值（如 0.500 m）。

为了施工时使用方便，一般在槽壁各拐角处、深度变化处和基槽壁上每隔 3~4 m 测设一水平桩。

2. 水平桩的测设方法

槽底设计标高为-1.700 m，欲测设比槽底设计标高高 0.500 m 的水平桩，测设方法如下：

①在地面适当地方安置水准仪，在±0.000 m 标高线位置上立水准尺，读取后视读数为 1.318 m。

②计算测设水平桩的应读前视读数 $b_{应}$：

$$b_{应} = a - h = 1.318 - (-1.700 + 0.500) = 2.518 （m）$$

③在槽内一侧立水准尺，并上下移动，直至水准仪视线读数为 2.518 m 时，沿水准尺尺底在槽壁打入一小木桩。

（二）垫层中线的投测

基础垫层打好后，根据轴线控制桩或龙门板上的轴线钉，用全站仪或用拉绳挂垂球的方法，把轴线投测到垫层上，并用墨线弹出墙中心线和基础边线，作为砌筑基础的依据。由于整个墙身砌筑均以此线为准，这是确定建筑物位置的关键环节，所以要严格校核后方可进行砌筑施工。

（三）基础墙标高的控制

房屋基础墙是指±0.000 m 以下的砖墙，它的高度是用基础皮数杆来控制的。

基础皮数杆是一根木制的杆子，在杆上事先按照设计尺寸，将砖、灰缝厚度画出线条，并标明±0.000 m 和防潮层的标高位置。

立皮数杆时，先在立杆处打一木桩，用水准仪在木桩侧面定出一条高于垫层某一数值（如 100 mm）的水平线，然后将皮数杆上标高相同的一条线与木桩上的水平线对齐，并用大铁钉把皮数杆与木桩钉在一起，作为基础墙的标高依据。

（四）基础面标高的检查

基础施工结束后，应检查基础面的标高是否符合设计要求（也可检查防潮层）。可用水准仪测出基础面上若干点的高程，与设计高程比较，允许误差为±10mm。

三、多层建筑物轴线投测与标高引测

多层建筑物施工测量也遵循"从整体到局部，先控制后细部"的原则；多层建筑物的特点是建筑物层数多、高度高、建筑物复杂。在施工过程中对建筑物各部位的水平位置、高程和垂直度的精度要求较高，所以在测设前要制订测量方案，选用适当仪器，拟定检测措施，确保放样精度。在多层建筑建筑施工中施工测量的关键是轴线投测和高程传递。

（一）轴线投测

1. 外控法

外控法是在建筑物外部，利用全站仪，根据建筑物的轴线控制桩来进行轴线的竖向投测。在多层建筑墙身砌筑过程中，为了保证建筑物轴线位置正确，可用全站仪把轴线投测到各层楼板边缘或柱顶上。每层楼板中心线应测设长线（列线）1~2 条，短线（行线）2~3 条，其投点允许偏差为±5 mm。然后根据由下层投测上来的轴线，在楼板上分间弹线。投测时，把全站仪安置在轴线控制桩上，后视墙底部的轴线标点，用正倒镜取中的方法，将轴线投到上层楼板边缘或柱顶上。当各轴线投到楼板上之后，要用钢尺测量其间距作为校核，其相对误差不得大于 1/2000。经校核合格后，方可开始该层的施工。为了保证投测质量，使用的仪器一定要经检验校正，安置仪器一定要严格对中、整平。为了防止投点时仰角过大，全站仪距建筑物的水平距离要大于建筑物的高度，否则应采用正倒镜延长直线的方法将轴线向外延长，然后再向上投点。

随着现代技术的发展，采用激光全站仪进行轴线投测，既简便，精度又高，不受场地的限制，在高层建筑施工测量中得到广泛应用。

2. 内控法

在施工场地窄小、无法采用外控法、精度要求不高时，可采用内控法进行轴线投测。内控法的主要原理是在建筑物底层测设室内轴线控制点，用垂线原理将其投测到各层楼面上，作为各层轴线的测设依据。

室内轴线控制点，可视建筑物形状布设成 L 形或矩形。内控点应设在角点的柱子旁，相距 0.5~0.8 m，边线与柱子轴线平行，并保持竖直和水平通视。在基础完工后，可根据检校后的建筑物轴线控制桩，将轴线内控点测设到底层地面上，并埋设标志作为竖向投测轴线的依据。为了投测，在点的垂直方向上每层楼面预留 200 mm×200 mm 的传递孔。下面介绍两种投测方法：

（1）吊垂线法

吊垂线法是用直径为 0.5~0.8 mm 的钢丝悬吊 10~20 kg 重的垂球，以底层轴线控制点为准，通过预留孔直接向各施工层投测轴线。每点投两次，两次投点偏差不应大于±5 mm，取其平均值，将其固定，然后检测投测点的距离和有关角度，若与底层轴线点间的距离和相关角度相差不大时，可做适当调整，作为投测层面的轴线控制点，这种方法的特点是简单、直观、经济。

（2）天顶准直法

天顶准直法是利用能够测设铅直方向的精密仪器，进行竖直投测的一种精度较高的测量方法。这种仪器有激光全站仪、激光铅直仪和配有 90°弯管目镜的全站仪。若采用激光全站仪或激光铅直仪进行竖向投测时，应将仪器安置在底层轴线控制点上，严格对中、整平，使发射的激光束处于铅直射向接收靶，激光束在接收靶呈一红色小光斑。水平旋转仪器，检查光斑有无画圆情况，以保证激光束铅直，然后移动靶心与光斑重合，将接收靶固定，靶心位置即为投测的轴线点。

采用配有弯管目镜的全站仪进行竖直投测，其方法与激光全站仪或激光铅直仪一样，不同的是一个是激光斑，一个是视线点。

（二）高程传递

多层建筑物的高程传递，一般采用钢尺沿外墙、边柱和楼梯间隙向上竖直量取，把高程传递到施工层面上，用这种方法传递高程时至少在建筑物三处位置向上传递，便于相互校核，同时要用水准仪检查传递上来的同一层面的几个高程点是否在同一水平面上，其误差不应超过±3 mm。也可利用施工场地的水准点，采用水准仪测量的方法，借助钢尺或钢丝将高程传递到施工层面上。

四、高层建筑物轴线投测与标高引测

高层建筑物由于施工现场场地较小、施工工艺机械化程度较高、测量工作易受到限制和干扰，所以测量方法与测量手段均有别于一般建筑物施工测量。高层建筑物施工测量中的主要问题是控制垂直度，就是将建筑物的基础轴线准确地向高层引测，并保证各层相应轴线位于同一竖直面内，控制竖向偏差，使轴线向上投测的偏差值不超限。

轴线向上投测时，要求竖向误差在本层内不超过 5 mm，全楼累计误差值不应超过 $2H/10000$（H 为建筑物总高度），且 30m<H≤60 m 时，不应大于 10 mm；60 m<H≤90 m 时，不应大于 15 mm；H>90 m 时，不应大于 20 mm。

（一）竖向投测

高层建筑物轴线的竖向投测，主要有外控法和内控法两种，下面分别介绍这两种方法：

1. 外控法

外控法是在建筑物外部，利用全站仪，根据建筑物轴线控制桩来进行轴线的竖向投测，亦称作"全站仪引桩投测法"。具体操作方法如下。

（1）在建筑物底部投测中心轴线位置

高层建筑的基础工程完工后，将全站仪安置在轴线控制桩 A_1，A'_1，B_1 和 B'_1 上，把建筑物主轴线精确地投测到建筑物的底部，并设立标志，以供下一步施工与向上投测之用。

（2）向上投测中心线

随着建筑物不断升高，要逐层将轴线向上传递，将全站仪安置在中心轴线控制桩 A_1，A'_1，B_1 和 B'_1 上，严格整平仪器，用望远镜瞄准建筑物底部已标出的轴线 a_1、a'_1、b_1 和 b'_1 点，用盘左和盘右分别向上投测到每层楼板上，并取其中点作为该层中心轴线的投影点。

（3）增设轴线引桩

当楼房逐渐增高，而轴线控制桩距建筑物又较近时，望远镜的仰角较大，操作不便，投测精度也会降低。为此，要将原中心轴线控制桩引测到更远的安全地方，或者附近大楼的屋面。具体做法是：将全站仪安置在已经投测上去的较高层（如第 8 层）楼面轴线 $a_g a'_g$ 心上，瞄准地面上原有的轴线控制桩 A_1 和 A'_1 点，用盘左、盘右分中投点法，将轴线延长到远处 A_2 和 A'_2 点，并用标志固定其位置，A_2 和 A'_2 即为新投测的 A_1 和 A'_1 轴控制桩。更高各层的中心轴线，可将全站仪安置在新的引桩上，按上述方法继续进行投测。

2. 内控法

内控法是在建筑物内 ±0.000 m 平面设置轴线控制点，并预埋标志，以后在各层楼板相应位置上预留 200 mm×200 mm 的传递孔，在轴线控制点上直接采用吊线坠法或激光铅垂仪法，通过预留孔将其点位垂直投测到任一楼层。

（1）内控法轴线控制点的设置

在基础施工完毕后，在 ±0.000 m 首层平面上适当位置设置与轴线平行的辅助轴线。辅助轴线距轴线 500~800 mm 为宜，并在辅助轴线交点或端点处埋设标志。

（2）吊线坠法

吊线坠法是利用钢丝悬挂垂球的方法，进行轴线竖向投测。这种方法一般用于高度在 50~100 m 的高层建筑施工中，垂球重为 10~20 kg，钢丝的直径为 0.5~0.8 mm。投测方法是：在预留孔上面安置十字架，挂上垂球，对准首层预埋标志。当垂球线静止时，固定十字架，并在预留孔四周做出标记，作为以后恢复轴线及放样的依据。此时，十字架中心即为轴线控制点在该楼面上的投测点。

用吊线坠法实测时，要采取一些必要措施，如用铅直的塑料管套着坠线或将垂球沉浸于油中，以减少摆动。

（3）激光铅垂仪法

激光铅垂仪是一种专用的铅直定位仪器，适用于高层建筑物、烟囱及高塔架的铅直定位测量。激光铅垂仪主要由氦氖激光管、精密竖轴、发射望远镜、水准器、基座、激光电源及接收屏等部分组成。

激光器通过两组固定螺钉固定在套筒内。激光铅垂仪的竖轴是空心筒轴，两端有螺

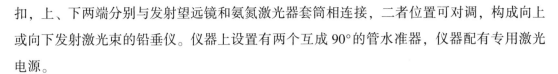

扣，上、下两端分别与发射望远镜和氦氖激光器套筒相连接，二者位置可对调，构成向上或向下发射激光束的铅垂仪。仪器上设置有两个互成90°的管水准器，仪器配有专用激光电源。

激光铅垂仪投测轴线方法如下：

①在首层轴线控制点上安置激光铅垂仪，利用激光器底端（全反射棱镜端）所发射的激光束进行对中，通过调节基座整平螺旋，使管水准器气泡严格居中。

②在上层施工楼面预留孔处放置接收靶。

③接通激光电源，启动激光器发射铅直激光束，通过发射望远镜调焦，使激光束汇聚成红色耀目光斑，投射到接收靶上。

④移动接收靶，使靶心与红色光斑重合，固定接收靶，并在预留孔四周做出标记，此时，靶心位置即为轴线控制点在该楼面上的投测点。

（二）高程传递

高层建筑物施工中，要由下层楼面向上层传递高程，以使上层楼板、门窗口、室内装修等工程的标高符合设计要求。底层±0.000 m标高点可依据施工场地内的水准点来测设。±0.000 m以上的高程传递，一般都沿建筑物外墙、边墙或电梯间等用钢尺向上量取。一幢高层建筑物至少要由三个底层标高点向上传递，由下层传递上来的同一层几个标高点，必须用水准仪进行校核，检查各标高点是否在同一水平面上，其误差不超过±3 mm。高程传递方法有钢尺测量法、水准测量法、全站仪天顶测距法三种。

1. 钢尺测量法

首先根据附近水准点，用水准测量方法在建筑物底层内墙面上测设一条+0.5 m的标高线，作为底层地面施工及室内装修的标高依据；然后用钢尺从底层+0.5 m的标高线沿墙体或柱面直接垂直向上测量，在支承杆上标出上层楼面的设计标高线和高出设计标高+0.5 m的标高线。为了减少逐层读数误差的影响，可采用数层累计读数的测法，如每三层楼换一次钢尺。

2. 水准测量法

在高层建筑的垂直通道（楼梯间、电梯间、垃圾道、垂准孔等）中悬吊钢尺，钢尺下端扶一重锤，用钢尺代替水准尺，在下层与上层各架一次水准仪，根据底层+0.5 m的标高线将高程向上传递，从而测设出各楼层的设计标高线和高出设计标高+0.5 m的标高线。

3. 全站仪天顶测距法

对于超高层建筑，悬吊钢尺有困难的，可以在底层投测点或电梯井安置全站仪，通过对天顶方向测距的方法引测高程。

五、钢结构工程施工测量

一般工业厂房多采用预制构件在现场组装的办法施工，构件安装工程主要包括柱子、吊车梁、吊车轨、屋架、天窗架和屋面板等安装工程。本节着重介绍柱子、吊车梁和吊车轨等构件在安装时的测量工作。

（一）柱子吊装测量

1. 吊装前的准备工作

柱子吊装前，应根据轴线控制桩把定位轴线投测到杯形基础的顶面上，并用里线标明；同时，在杯口内壁测设一条标高线，使从该标高线起向下量取一整分米数即到杯底的设计标高。另外，应在柱子的三个侧面弹出柱中心线，并做小三角形标志，以便安装校正。

2. 柱子的检查与杯底找平

通常柱底到牛腿面的设计长度 L 加上杯底高程 H_1 应等于牛腿面的高程 H_2，即 $H_2 = H_1 + L$。但柱子在预制时，由于模板制作和模板变形等，不可能使柱子的实际尺寸与设计尺寸一样，为了解决这个问题，往往在浇筑基础时，把基础底面高程降低 2~5 cm，然后用钢尺从牛腿顶面沿柱边量到柱底，根据各个柱子的实际长度，用 1∶2 的水泥砂浆在杯底进行找平，使牛腿面符合设计高程。

3. 柱子安装时的校正工作

当柱子起吊插入杯口后，要使柱底中线与杯口中线对齐，用木楔或钢楔初步固定，允许误差为±5 mm，柱子立稳后，立即用水准仪检测柱身上的±0.000 m 标高线，看是否符合设计要求，允许误差为±3 mm。

竖直校正：在基础的纵、横中心线上，离开基础的距离为 1.5 倍柱高的地方，安置两台全站仪，用望远镜照准柱底中线，固定照准部，抬高望远镜观测柱身上的中心标志或墨线，若与十字竖丝重合，则柱子在此方向是竖直的，否则应调整，直到相互垂直的两个方向都符合要求为止。

当校正成排柱子时，为提高工作效率，可安置一次仪器，校正多根柱子，因仪器不在轴线上，故不能瞄准杯口中线，而要瞄准柱底中线，再往上瞄。也可先瞄上部，在下部正倒镜投点取平均值与中线相比较。偏差满足要求后，要立即灌浆，固定柱子位置。

（二）吊车梁、吊车轨的安装测量

1. 吊车梁的安装测量

吊车梁的安装测量，主要是保证吊车梁中线位置和梁的标高满足设计要求。

①吊车梁安装时的中线测量。根据厂房控制网或柱中心轴线端点，在地面上定出吊车梁中心线（吊车轨道中心线）控制桩，然后用全站仪将吊车梁中心线投测在每根柱子的牛腿上，并弹以墨线，投点误差为±3 mm，吊装时使吊车梁中心线与牛腿上中心线对齐。

②吊车梁安装时的高程测量。吊车梁顶面标高，应符合设计要求。根据±0.000 m 标高线，沿柱子侧面向上量取一段距离，在柱身上定出牛腿面的设计标高点，作为整平牛腿面及加垫板的依据。同时在柱子上端比梁顶面高 5~10 cm 处测设一标高点，据此修平梁面。梁面整平以后，应置水准仪于吊车梁上，检测梁面的标高是否符合设计要求，误差应 ±3~±5 mm。

2. 吊车轨安装测量

吊车轨安装测量在吊车梁安装好之后进行，这项工作的目的是保证轨道中心线和轨顶标高符合设计要求。

（1）在吊车梁上测设轨道中心线

吊车梁在牛腿上安放好后，第一次投在牛腿上的中心线已被吊车梁所掩盖，所以在梁面上再次投测轨道中心线，以便安装吊车轨道。

具体做法是：先在地面上沿垂直于柱中心线的方向 AB 和 $A'B'$ 各量一段距离 AE 和 $A'E'$。令 $AE = A'E' = l+1$（l 为柱列中心线到吊车轨道中心线的距离）。EE' 为与吊车轨道中心线相距 1 m 的平行线。然后将全站仪安置在 E 点，瞄准 E'，抬高望远镜向上投点。这时一人在吊车梁上横放一支 1 m 长的木尺，假使木尺一端在视线上，则另一端即为轨道中心线位置，并在梁面上画线表明。同法定出轨道中心其他各点。至于吊车轨道另一条中心线位置，可采用同样方法测设；也可以按照轨道中心线间的间距，根据已定好的一条轨道中心线，用悬空量距的方法定出来。

（2）根据吊车梁两端投测的中线点测定轨道中心线

根据地面上柱子中心线控制点或厂房控制网点，测出吊车梁（吊车轨道）中心线点。然后根据此点用全站仪在厂房两端的吊车梁面上各投一点，两条吊车梁共投 4 点。投点允许偏差为±2 mm。再用钢尺丈量两端所投中线点的跨距是否符合设计要求，如超过±5 mm，则以实量长度为准予以调整。将仪器安置于吊车梁一端中线点上，照准另一端点，在梁面上进行中线投点加密，每隔 18~24 m 加密一点。如梁面狭窄，不能安置三脚架，应采用特殊仪器架安置仪器。

轨道中心线最好于屋面安装后测设，否则当屋面安装完毕后应重新检查中心线。在测设吊车梁中心线时，应将其方向引测在墙上或屋架上。

第二节　路桥工程

一、道路施工测量

（一）开工前的测量工作

1. 熟悉图纸和现场情况

进行施工前首先要熟悉设计图纸和施工现场的情况。设计图纸主要有路线平面图、纵横断面图、标准横断面图和附属构筑物图等。通过阅读图纸，在了解设计意图及对测量的精度要求的基础上，应掌握道路中线位置（包括交点桩、转点桩的位置和曲线情况等）和各种附属构筑物的位置等，并找出各种施测数据和它们之间的相互关系。同时还要认真校核各部尺寸关系，以便发现问题及时处理，避免给工程造成损失。勘察施工现场时，除了解工程及地形的一般情况外，应在实地找出各交点桩、转点桩、里程桩和水准点的位置，必要时应实测校核，以便及时发现被碰动破坏的桩点，并避免用错点位。

2. 道路中线的恢复

在路线勘测到开始施工这段时间里，往往有一部分里程桩会被碰动或丢失。为了保证道路中线位置准确可靠，在施工之前应根据设计文件进行恢复工作，并对原来的中线进行复核，将丢失和碰动过的 JD 桩、里程桩等恢复和校正好。恢复中线所采用的测量方法与路线中线测量方法基本相同，但必要时还应增设一些水准点以满足施工的需要。

（二）路基边桩的测设

路基形式基本上可分为路堤和路堑两种。路基边桩的测设就是将每一个横断面的路基边坡线与地面的交点用木桩标定出来。通常使用图解法和解析法。

1. 图解法

直接在横断面图上量取中桩至边桩的距离，最后在实地用皮尺沿横断面方向测定其位置。当填挖方不是很大时，图解法较为简单实用。

2. 解析法

（1）平坦地段路基边桩的测设

①路堤边桩的测设。填方路基称为"路堤"，如图 6-1 所示，路堤边桩至中桩的距离为：

$$D = \frac{B}{2} + mh$$

$$(6-1)$$

式中：B——路基设计宽度；

$1 : m$——路基边坡坡度；

h——填土高度或挖土高度。

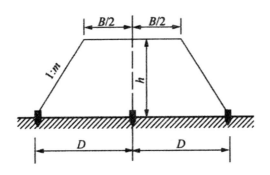

图6-1 平坦地段路堤边桩测设

②路堑边桩的测设。挖方路基称为"路堑"，如图6-2所示，路堑边桩至中桩的距离为：

$$D = \frac{B}{2} + S + mh$$

$$(6-2)$$

式中：S——路堑边沟宽度。

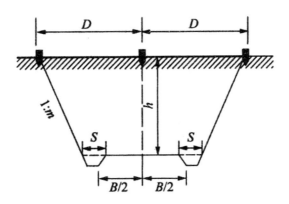

图6-2 平坦地段路堑边桩测设

（2）倾斜地段路基边桩的测设

在倾斜地段，边桩至中桩的距离随地面坡度的变化而变化，路堤边桩至中桩的距离为：

斜坡上侧

$$D_\text{上} = \frac{B}{2} + m \times (h_\text{中} - h_\text{上})$$

$$(6-3)$$

斜坡下侧

$$D_\text{下} = \frac{B}{2} + m \times (h_\text{中} - h_\text{下})$$

$$(6-4)$$

路堑边桩至中桩的距离为：

斜坡上侧

$$D_\text{上} = \frac{B}{2} + S + m \times (h_\text{中} - h_\text{上})$$

$$(6-5)$$

斜坡下侧

$$D_\text{下} = \frac{B}{2} + S + m \times (h_\text{中} - h_\text{下})$$

$$(6-6)$$

式中，B，S 和 m 为设计值；$h_\text{中}$ 为中桩处填挖高度；$h_\text{上}$ 和 $h_\text{下}$ 为斜坡上、下侧边桩与中桩的高差，在边桩未定出之前为未知数。在实际工作中采用逐渐趋近法测设边桩。先根据地面实际情况，并参考路基横断面图，估计边桩的位置，然后测出该估计位置与中桩的高差，代入上面的式中计算 $D_\text{上}$ 和 $D_\text{下}$，并依此在实地定出其位置，多次重复上述工作，直至相符为止。

（三）路面高程桩的测设

当路基工程完成后，为控制路面高程，多在路肩上测设平行中线的路面高程桩，间距多取 10~30 m，用它既控制路面高程又控制中线位置，俗称"施工边桩"。其位置根据中线施工控制桩测定（若已有平行中线的施工控制桩时，均一桩两用，不再另行测设）。桩位测定后，可在桩的侧面测设出该桩的路面中心设计高程线（可钉高程钉或画红铅笔线作为标志）。其测设程序如下：

一是后视水准点或中线上的里程桩，根据其已知高程和读数，求出视线高程。

二是前视边桩，根据读数求出其桩顶高程。

三是计算边桩与其所在断面的设计高程之差，并注在桩的侧面上。如边桩低于设计高程，前面应冠以"+"，表示需要填高；如边桩高于设计高程，则应冠以"-"，表示需要挖深。但它所表示的填挖量，是以边桩桩顶为准的，因为在施工过程中是利用边桩来检查的。

（四）竖曲线的测设

为了行车的平稳和视距的要求，在路线纵坡变更处应以圆曲线连接起来，这种曲线叫"竖曲线"。竖曲线有凹形和凸形两种。

测设竖曲线是根据路线纵断面设计中给定的半径 R 和变坡点前后的两坡度 i_1 和 i_2 进行的。测设参数即曲线长 L、切线长 T 和外矢距 E，其计算公式同平面圆曲线。但由于竖向转折角 θ 值很小，故用两坡度值 i_j 和 i_k 的绝对值之和代替，即 $\theta_j = |i_j| + |i_k|$，则曲线长 L 的计算公式为：

$$L = R\theta_j = R(|i_j| + |i_k|)$$

(6-7)

由于 θ_j 值很小，切线长可用曲线长的一半代替；外矢距 E 可用中央纵距 M 代替，则切线长和外矢距的计算公式为：

$$T = \frac{1}{2}L = \frac{1}{2}R(|i_j| + |i_k|)$$

(6-8)

$$E = M = C^2/8R$$

(6-9)

式中，C 为圆曲线对应的弦长，其他符号意义同前。

根据式（6-8）计算 T 值，由设计的变坡点里程及 T 值，即可求出圆曲线起点 ZY 到终点 YZ 的里程，并可据以测设于地面。

用切线支距法原理，以起点或终点为坐标原点，沿切线方向为 X 轴，切线上的支距为 Y 轴。测设辅点时，X 轴坐标为设计值，一般每隔 10 m 选一个辅点，当 X_j 为已知时，对应的支距 Y_j 的计算公式为：

$$Y_j = \frac{X_j^2}{2R}$$

(6-10)

式中，Y_j 在凹形竖曲线中为"+"，在凸形竖曲线中为"-"。

将各点的支距（亦称"标高改正数"）Y_j 求出后，与坡道各点的对应高程相加取代数和，即得到竖曲线上各点的设计高程 H_j，其计算公式为：

$$H_j = H'_j + Y_j$$

$$(6-11)$$

竖曲线上各辅点的设计高程求出之后，用水准仪将其高程测设出来，即为竖曲线各辅点的位置。

二、桥梁施工测量

桥梁因结构较复杂，施工测量中精度要求一般均较高，在跨度较大或有中水作业的桥梁工程中尤其如此。桥梁施工测量的内容与方法因桥梁跨度、河道情况等不同而有所差异。

（一）能直接测量的小型桥梁施工测量

假设图6-3所示的两跨T形桥架设在无水河滩或水面较窄的河面上，其施工测量可直接在河面上进行。

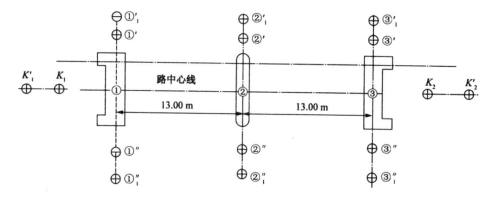

图6-3 可以直接测量的小型测量

1. 桥梁中心线和控制桩的测设

根据桥位桩号，在路中线上准确地测设出桥台和桥墩的中心桩①②③，并在河道两岸测设桥位控制桩 K_1，K'_1，K_2，K'_2。然后分别安置经纬仪于①②③点上，测设桥台和桥墩控制桩（为防止丢失或施工障碍，每侧至少两个控制桩）。测设距离尤其在测设跨度时，应用测距仪或检定过的钢尺，丈量精度应高于1/5000，以保证上部结构安装时能正确就位。

2. 基础施工测量

根据桥台和桥墩的中心线测设基坑开挖边界线。基坑上口尺寸应根据坑深、坡度、土质情况及施工方法确定。施测方法与路堑放线基本相同。基坑挖至一定深度后，应根据水准点高程在壁上测设距基底设计面为一定高差（如1.0 m）的水平桩，作为控制挖基及基

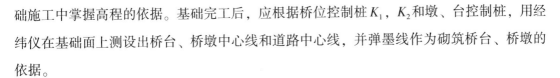

础施工中掌握高程的依据。基础完工后，应根据桥位控制桩 K_1，K_2 和墩、台控制桩，用经纬仪在基础面上测设出桥台、桥墩中心线和道路中心线，并弹墨线作为砌筑桥台、桥墩的依据。

3. 墩、台顶部的施工测量

桥墩、桥台砌筑至一定高度时，应根据水准点的墩身、台身每侧测设一条距顶部为一定高差（如 1.0 m）的水平线，以控制砌筑高度。墩帽、台帽施工时，应根据水准点用水准仪控制其高程（误差应在-10 mm 以内），根据中线桩用经纬仪控制两个方向的中线位置（偏差应在±10 mm 以内），墩台间距（跨度）要复测，精度应高于1/5000。

测出墩、台上两个方向的中心线并经校对合格后，即可根据墩台中心线在墩、台上定出 T 形梁支座钢垫板的位置。最后用检定过的钢尺校对钢垫板的间距，精度应高于1/5000；用水准仪校对钢垫板的高程，误差应在-5 mm 以内（钢垫板可略低于设计高程，安装 T 形梁时可加垫薄钢板找平）。钢垫板位置及高程经校对合格后，即可浇筑墩、台顶面混凝土。

4. 上部结构的安装测量

上部结构安装前应对墩、台上支座钢垫板的位置重新校对一次，并对 T 形梁两端弹出中心线。对梁的全长和支座间距也应进行检查并记录量得的数值，作为竣工测量资料。

T 形梁就位时，其支座中心线应对准钢垫板中心线，初步就位后，用水准仪检查梁两端的高程，误差范围为±5 mm。中线位置及高程经检查合格后，应及时打好保险垛并焊牢，以防 T 形梁移动。

T 形梁和防护栏全部安装后，即可用水准仪在护栏上测出桥面中心高程线，作为铺设桥面铺装层起拱的依据。

（二）间接测量的中型桥梁施工测量

中型桥梁一般因河道宽阔，施工测量中的两个主要问题是桥长常采取布设桥梁三角网的方法间接丈量，而水中桥墩的位置多用方向交会法测设。

1. 桥梁三角网测量

AB 是桥位中心线，为了丈量河宽并测设墩、台位置，可布设三角形 ABC 和 ABE 组成桥梁三角网。当河流的一岸地势较平坦便于量距时，桥梁三角网应取图 6-4（a）的形式，用光电测距仪或用钢尺精确丈量基线边 AC 和 AE 的长度，并用经纬仪精确测出两三角形的内角，根据正弦定理即可算出 AB 间的距离。当在一岸不能选出两条便于丈量的基线时，可采用图 6-4（b）的形式，称为"大地四边形"。

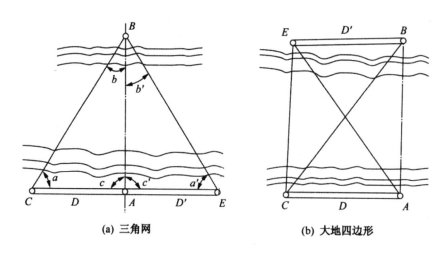

(a) 三角网　　　　　　　　(b) 大地四边形

图 6-4　桥梁施工三角网布设

为了保证 AB 距离的精度高于 $1/5000$，基线边长不能小于 AB 的 70%，并用光电测距仪往返丈量，其精度应高于 $1/10000$。三角形各内角可用 DJ6 型光学经纬仪观测两个测回，三角形角度闭合差范围为 $\pm30''$。

2. 角度交会法测设桥墩位置

如图 6-5 所示，首先计算出桥位控制桩的间距，按设计尺寸分别自 A 点和 B 点量出相应的距离，即可测设出两岸桥台①和④的位置。

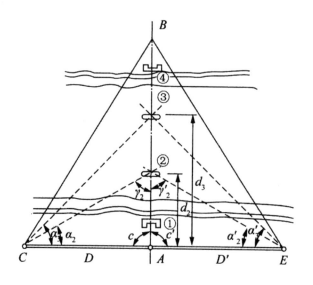

图 6-5　角度交会法测设桥墩

水中桥墩所在的位置河水较深，无法直接测量，也不便采用电磁波测距仪时，则可采用角度交会法测设桥墩。测设时将两台经纬仪分别安置在 C 点和 E 点，以 A 点为后视，分别测设 α_2 角（$\angle②CA$）和 α'_2 角（$\angle②EA$），则两视线方向与桥中心线的交点即为桥墩②的位置。交会角 α_2 和 α'_2 采用三角函数进行计算，具体推导过程及步骤从略，计算公式如下：

$$
\left.
\begin{array}{l}
\alpha_2 = \arctan\left(\dfrac{d_2 - D}{d_2 + D}\cot\dfrac{c}{2}\right) + \dfrac{1}{2}(180° - c) \\[4mm]
\alpha'_2 = \arctan\left(\dfrac{d_2 - D'}{d_2 + D'}\cot\dfrac{c'}{2}\right) + \dfrac{1}{2}(180° - c')
\end{array}
\right\}
$$

$$(6-12)$$

桥墩交会角 α_2, α'_2 和 α_3, α'_3 算出后，即可用两台经纬仪同时以测回法测设交会角，则两视线的交点即为桥墩的中心位置。为校核所得交点是否准确，还应在 A 点安置经纬仪，看交点是否在桥中心线上。若偏离尺寸在允许范围之内，可将交会点投影到桥中心线上，以减少误差影响。

桥墩施工中，每砌筑一定高度，均须重新交会定点，以保证墩位施工质量。结构安装前，应将桥墩中心位置测设于墩顶，并在其上安置经纬仪，实测出 γ_2 和 γ'_2，根据实测的 α_2, γ_2 和 α'_2, γ'_2，计算出 d_2 与相应的设计数值比较，并测出偏离桥中线的距离，作为竣工资料。

三、隧道施工测量

在隧道施工过程中，根据洞内布设的地下导线点，经坐标推算而确定隧道中心线方向上的有关点位，以准确知道较长隧道开挖方向和便于日常施工放样。

（一）隧道施工控制测量

隧道施工控制测量包括洞外控制测量、洞外和洞内的联系测量，以及洞内的控制测量等工作。

1. 隧道洞外控制测量

隧道洞外控制测量主要是在洞外建立平面和高程控制网，按照规范要求的精度和测量设计方案施测，测定各控制点的坐标，作为引测进洞和测设洞内中线及高程的依据。

洞外平面控制测量结合隧道的长度、平面形状、线路通过地区的地形和环境等条件进行，通常可采用精密导线、三角网和 GPS 控制网等形式。

洞外高程控制测量常采用水准测量方法。水准测量的等级取决于隧道长度、隧道地段的地形条件。当山势较为陡峻，采用水准测量方法较难实施时，可采用光电测距三角高程测量的方法。

2. 隧道洞外和洞内的联系测量

（1）进洞测量

洞外控制测量完成后，根据控制点和隧道内待测设的线路中线点的坐标，反算出隧道洞门、洞内中线点的测设数据，按极坐标方法或其他方法测设出进洞的开挖方向，并放样出洞门点及其护桩，指导进洞及洞内控制建立之前的开挖。

（2）由洞外向洞内传递方向、坐标和高程

隧道施工中，为了加快施工进度，要用斜井、横洞或竖井来增加隧道开挖工作面。为了保证各相向开挖面能正确贯通，必须将洞外控制网的平面及高程系统传递到洞内的导线点和水准点上，使洞内、外形成统一的坐标系统。

①方向、坐标传递。通过斜井、横洞布设导线（联系导线），可由洞外向洞内传递方向和坐标，如图6-6所示。联系导线是支导线，其测角误差和测边误差直接影响洞内控制测量及隧道的贯通精度，必须多次精密测定，确保准确无误。当经由竖井进行联系测量时，由于不能直接布设联系导线，可采用联系三角形法或光学垂准仪投点、陀螺经纬仪定向的方法来传递坐标和方向。

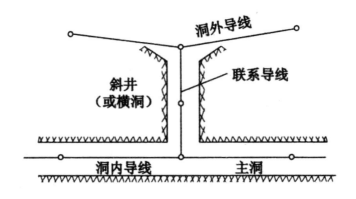

图6-6 联系导线

②高程传递。由斜井或横洞传递高程时，可采用水准测量方法或光电测距三角高程测量方法进行。由竖井传递高程时，可采用悬挂钢尺的方法，如图6-7所示。也可将光电测距仪安置在井口盖板上的特制支架上，使照准头向下直接瞄准井底的反光镜，用光电测距仪代替钢尺测量竖井的深度。

（3）隧道洞内控制测量

隧道洞内控制测量主要是在洞内建立一个与洞外控制相统一的平面和高程控制网，作为确定掘进方向和隧道施工放样的依据，以确保隧道在规定的精度范围内贯通。

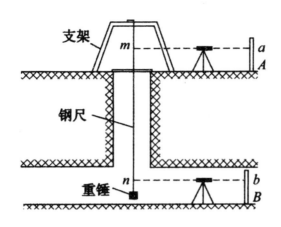

图6-7 悬挂钢尺传递高程

洞内控制测量起始于洞口处的洞外控制点，随着隧道的开挖而向前延伸，起始点坐标、高程及起始边方位角由地面控制测量或联系测量确定。

①洞内平面控制测量洞内平面控制测量常采用中线或导线两种形式。

a. 中线形式：中线形式就是以定测或稍高于定测时的精度，在洞内按中线测量的方法测设隧道中线，把中线控制点作为导线点，直接进行施工放样。

b. 导线形式：洞内导线通常是支导线，而且不可能一次测完，只有掘进一段距离后才可以增设一个新点。设立新点前必须对与之相关的既有导线点进行检查，在对既有导线点确认的基础上测量新点。洞内导线一般分级布设，先布设精度较低的施工导线，然后再布设精度较高的基本控制导线、主要导线。在开挖面每向前推进25~30 m时，设施工导线点，用以进行放样且指导开挖。当掘进长度达100~300 m以后，为了检查隧道的方向是否与设计相符合，并提高导线精度，选择一部分施工导线点布设边长较长、精度较高的基本控制导线。当隧道掘进大于2 km时，可选择一部分基本导线点布设主要导线，主要导线的边长一般为150~800 m。对精度要求较高的大型贯通，可在导线中加测陀螺边以提高方位的精度。陀螺边一般加在洞口起始点到贯通点距离的2/3处。

②洞内高程控制测量。洞内高程控制测量可采用水准测量或光电测距三角高程测量的方法。洞内高程控制点可选在导线点上，也可根据情况埋设在洞顶、洞底或洞壁上，但必须稳固且便于观测。高程控制路线随开挖面的进展而向前延伸，一般可先布设较低精度的临时性水准点，其后再布设较高精度的永久性水准点。永久性水准点最好按组设置，每组应不少于两个点，每组之间的距离一般为200~400 m。采用水准测量时，应往返观测，视线长度不宜大于50 m。采用光电测距三角高程测量时，应进行对向观测，注意洞内的除尘、通风排烟和水汽的影响。洞内高程控制点作为施工高程的依据，必须定期复测。

（二）隧道中线测设

当隧道用全断面开挖法进行施工时，通常采用中线法。其方法是首先用经纬仪根据导线点设置中线点。如图 6-8 所示，图中 P_8，P_9 为导线点，C_1，C_2 为隧道中心线点，已知 P_8，P_9 的实测坐标及 C_1 的设计坐标和隧道设计中线的设计方位角 $\alpha_{C_1C_2}$，根据上述已知数据，则可推算出测设中线点所需的相关数据 β_9，D，β_{C_1}。

$$\left.\begin{array}{l} \alpha_{P_9C_1} = \arctan\dfrac{Y_{C_1} - Y_{P_9}}{X_{C_1} - X_{P_9}} \\[2mm] \beta_9 = \alpha_{P_9C_1} - \alpha_{P_8P_9} \\[2mm] \beta_{C_1} = \alpha_{C_1C_2} - \alpha_{C_1P_9} \\[2mm] D = \sqrt{\left(Y_{C_1} - Y_{P_9}\right)^2 + \left(X_{C_1} - X_{P_9}\right)^2} \end{array}\right\}$$

$$(6\text{-}14)$$

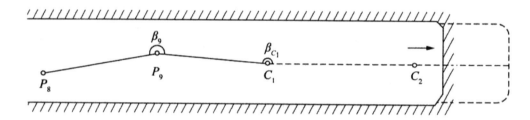

图 6-8　隧道中线测设

在测设数据计算完成后，将经纬仪安置于点 P_9 上，后视 P_8 点，拨角 β_9，同时在视线方向量出距离 D，即可得到 C_1 点，并在 C_1 点上埋设与导线点相同的标志。标定开挖方向时将仪器置于 C_1 点上，后视导线点 P_9，拨角 β_{C_1}，即可得到隧道的中心线方向。随着开挖面向前不断推进，C_1 点距开挖面越来越远，这时便需要将中线点向前延伸，埋设新的中线点 C_2。C_2 点的测设方法与 C_1 点相同。点确定后，将仪器置于 C_2 点，后视 C_1 点，用正倒镜的方法继续标定出中线方向，指导开挖。C_1，C_2 之间的距离在直线段不宜超过 100 m，在曲线段不宜超过 50 m。

当中线点向前延伸时，在直线上宜采用正倒镜延长直线法，曲线上则需要采用偏角法或极坐标法来测定中线点。用这两种方法检测延伸的中线点时，其点位横向较差不得大于 5 mm，超限时应以相邻点来逐点检测至不超限的点位，并向前重新订正中线。

随着激光测量仪器的普及，中线法指导开挖时，可在中线 C_1，C_2 等点上设置激光指向仪，以更方便、更直观地指导隧道的掘进工作。

（三）隧道坡度测设

为了控制隧道坡度和高程的正确性，通常在隧道岩壁上每隔 5~10 m 标出比洞底地坪高出 1 m 的抄平线，又称"腰线"。腰线与洞底地坪的设计高程线是平行的。施工人员根据腰线可以很快地放样出坡度和各部位高程，如图 6-9 所示。

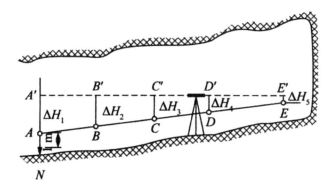

图 6-9　腰线测设

首先，根据洞外水准点的高程和洞口底板的设计高程，用高程放样的方法，在洞口点处测设 N 点，该点是洞口底板的设计标高。然后从洞口开始，向洞内测设腰线。具体测设方法如下：

一是根据洞外水准点放样洞口底板的高程，得到 N 点。

二是在洞内适当地点安置水准仪，以 N 点桩顶高程为腰线测设的起算高程，在 N 点上立水准标尺，并用水准仪在水准尺上读取读数。

三是从洞口点 N 开始，在隧道岩壁侧墙上每隔 5 m 用红漆标定出视线高的点 D' 和 E'。

四是按照隧道设计坡度，根据设计的腰线距离洞底地坪的高度（如 1.0 m），从 A'，B'，C'，D' 和 E' 计算下量值 ΔH_1，ΔH_2，ΔH_3，ΔH_4 和 ΔH_5，即可得到腰线上的 A，B，C，D 和 E 点。

当开挖面推进一段距离后，按照上述方法继续测设新的腰线。

（四）隧道开挖断面测设

开挖断面的放样是在中线和腰线基础上进行的，包括两侧边墙、拱顶、底板（仰拱）的放样。通常根据设计图纸给出断面的宽度、拱脚和拱顶的标高、拱曲线半径等放样数据，采用断面支距法测设断面轮廓。

拱部断面的轮廓线放样时，自拱顶外线高程起，沿线路中线向下每隔 0.5 m 向左、右两侧量其设计支距，然后将各支距端点连接起来，即为拱部断面的轮廓线。

墙部放样时，曲墙地段自起拱线高程起，沿线路中线向下每隔 0.5 m 向左、右两侧按设计尺寸量支距。直墙地段间隔可大些,每隔 1 m 支距定点。

如隧道底部设有仰拱时,可由线路中线起,向左、右每隔 0.5 m 由路基高程向下量出设计的开挖深度。

(五) 贯通误差的测定

采用两个或多个相向或同向的掘进工作面分段掘进隧道,使其按设计要求在预定地点彼此连通,称为"隧道贯通"。在施工中,两个相向开挖的工作面的施工中线不能理想地衔接而产生错开,错开值即为"贯通误差"。

贯通误差在线路中线方向的投影长度为纵向贯通误差,在垂直于中线方向的投影长度为横向贯通误差,在高程方向(竖向)的投影长度为高程贯通误差。纵向贯通误差影响隧道中线的长度,只要它不低于线路中线测量的精度(≤$L/2000$,L 为隧道两开挖洞口间的长度),就不会对线路坡度造成有害影响。高程贯通误差影响隧道的纵坡,一般应用水准仪测量的方法测定,较易达到限差要求。横向贯通的精度至关重要,倘若横向贯通误差过大,就会引起隧道中线几何形状的改变,严重者会使衬砌部分侵入建筑限界内,影响施工质量并造成巨大的经济损失。

隧道贯通后,应及时进行贯通测量,测定实际的横向、纵向和高程贯通误差。

由隧道两端洞口附近的水准点向洞内各自进行水准测量,分别测出贯通面附近的同一水准点的高程,其高程差即为实际的高程贯通误差。

洞内平面控制应用中线法的隧道,贯通之后,应从相向测量的两个方向各自向贯通面延伸中线,并各钉设一临时桩 A 和 B。量出两临时桩 A,B 之间的距离,即得隧道的实际横向贯通误差。A,B 两临时桩的里程之差,即为隧道的实际纵向贯通误差。

应用导线作为洞内平面控制测量的隧道,可在实际贯通点附近设置一临时桩点 P。分别由贯通面两侧的导线测出其坐标,由进口一侧测得的 P 点坐标为(x_J,y_J),由出口一侧测得的 P 坐标为(x_C,y_C),则实际贯通误差为:

$$f = \sqrt{(x_C - x_J)^2 + (y_C - y_J)^2}$$

$$(6-13)$$

如果是直线隧道,通常是以线路中线方向作 x 轴,此时横向、纵向贯通误差分别为:

$$\left.\begin{array}{l} f_横 = y_C - y_J \\ f_纵 = x_C - x_J \end{array}\right\}$$

$$(6-15)$$

对于曲线隧道,其贯通面方向是指贯通面所在曲线处的法线方向。$\alpha_贯$ 为贯通面方向的坐标方位角，α_f 为实际贯通误差方向的坐标方位角，β 为贯通面方向与实际贯通误差 f 的夹角，见下式计算：

$$\left.\begin{aligned} \alpha_f &= \arctan \frac{y_C - y_J}{x_C - x_J} \\ \beta &= \alpha_f - \alpha_{\text{贯}} \end{aligned}\right\}$$

(6-16)

则横向、纵向贯通误差分别为：

$$\left.\begin{aligned} f_{\text{横}} &= f \cdot \cos\beta \\ f_{\text{纵}} &= f \cdot \sin\beta \end{aligned}\right\}$$

(6-17)

若贯通误差在容许范围之内，就可以认为测量工作已达到预期的目的。然而，由于贯通误差将导致隧道断面扩大及影响衬砌工作的进行，因此要采用适当的方法将贯通误差加以调整，从而获得一个对行车没有不良影响的隧道中线，作为扩大断面、修筑衬砌以及铺设路基的依据。调整贯通误差，原则上不应在隧道未衬砌地段上进行，一般不应再变动已衬砌地段的中线。所有未衬砌地段的工程，在中线调整之后，均应以调整后的中线指导施工。

第三节　水利与水运工程

一、混凝土重力坝的放样

一般混凝土重力坝的施工放样工作包括：坝轴线的测设、坝体控制测量、清基开挖线的放样和坝体立模放样等。

（一）坝轴线测设

混凝土重力坝的轴线是坝体与其他附属建筑物放样的依据，它的位置正确与否直接影响建筑物各部分的位置。一般先在图纸上设计坝轴线的位置，然后根据图纸上量出的数据，计算出两端点的坐标以及和附近施工控制网中三角点之间的关系，在现场用交会法或极坐标法测设坝轴线两端点。为了防止施工时受到破坏，须将坝轴线两端点延长到两岸的山坡上，各定 1~2 点，分别埋桩，用以检查端点的位置。

(二) 坝体控制测量

混凝土坝的施工采取分层分块浇筑的方法，每浇一层一块就需要放样一次，因此，要建立坝体施工控制网作为坝体放样的定线网。一般常用施工坐标系进行放样，坝体施工控制网可布设成矩形网。

以坝轴线 AB 为基准布设的矩形网，它是由若干条平行和垂直坝轴线的控制线所组成，格网的尺寸按施工分块的大小而定。测设时，将经纬仪安置在 A 点，照准 B 点，在坝轴线上选甲、乙两点，通过这两点测设与坝轴线相垂直的方向线，由甲、乙两点开始，分别沿垂线方向按分块的宽度定出 e、f 和 g、h、m 以及 e'、f' 和 g'、h'、m' 等点。最后将 ee'、ff'、gg'、hh'、mm' 等连线延伸到开挖区外，在两侧山坡上设置 I，II，…，V 和 I′，II′，…，V′等放样控制点。然后在坝轴线方向上，按坝顶的高程，找出坝顶与地面相交的两点 Q 与 Q'，再沿坝轴线按分块的长度定出坝基点 2，3，4，…，10，通过这些点各测设与坝轴线相垂直的方向线，并将方向线延长到上、下游围堰上或两侧山坡上，设置 1′，2′，3′，…，11′，和 1″，2″，3″，…，11″等放样控制点。

在测设矩形网的过程中，测设直角时须用盘左、盘右取平均值，丈量距离应细心校核，以免发生错误。

(三) 清基中的放样工作

在清基工作之前，要修筑围堰工程，将围堰以内的水排尽，就可以开始清基开挖线的放样。可在坝体控制点 1′、2′等点上安置经纬仪，瞄准对应的控制点 1″、2″等，在这些方向线上定出该断面基坑开挖点，将这些点连接起来就是基坑开挖线。

开挖点的位置是先在图上求得，然后在实地用逐步接近法测定的。由坝轴线到坝上游坡脚点 A' 的距离，在地面上由坝基点 p 沿断面方向量此距离，得 A 点。用水准仪测得 A 点的高程后，就可以求得它与 A' 点的设计高程之差 h_1，当设计基坑开挖坡度为 $1 : m$ 时，则距离 $S_1 = mh_1$。从 A 点开始沿横断面方向量出 S_1，得（I）点，然后再实测（I）与 A' 的高差加，又可计算出 $S_2 = mh_2$，同样由 A 点量出 S_2 得 I 点，如果量得的距离与算得的 S_2 接近相等，则该点即为基坑开挖点。否则，应按上法继续进行，到量出的距离与计算的距离相等为止。开挖点定出后，在开挖范围外的该断面方向上，设立两个以上的保护桩，量得保护桩到 I 点的距离，绘出草图，以备查核。用同样方法可定出各个断面上的开挖点，将这些点连接起来即为清基时的开挖边线。

（四）坝体立模中的放样工作

1. 坝坡面的立模放样

坝体立模是从基础开始的，因此，立模时首先要找出上、下游坝坡面与岩基的接触点。

假定要浇筑混凝土块 $A'B'E'F'$，首先需要放样出坡脚点 A' 的位置：可先从设计图上查得 B' 的高程 $H_{B'}$ 及距坝轴线的距离 a 以及上游设计坡度 $1:m$；而后取坡面上某一点 C'，设其高程为 $H_{C'}$，则 $S_1 = a + (H_{B'} - H_{C'})m$，由坝轴线起沿断面量出 S_1 得 C 点，并用水准仪实测 C 点的高程 H_C，如果它与 A' 点的设计高程 $H_{A'}$ 值相等，C 点即为坡脚点；否则，应根据实测的 C 点高程，再计算 $S_2 = a + (H_{B'} - H_{C'})m$，从坝轴线量出 S_2 得 A' 点，用逐步接近法最后就能得到坡脚点的位置。连接各相邻坡脚点，即为浇筑块上游坡脚线，沿此线就可按 $1:m$ 坡度架立坡面板。

2. 坝体分块的立模放样

在坝体中间部分分块立模时，可将分块线投影到基础面或已浇好的坝块面上。第六坝段最底层分成甲、乙、丙三个坝块。随着坝体向上浇筑，大坝的宽度变窄，坝块可能减少，但对不同的水平层，每一块的形状都呈矩形。顾及大坝浇筑，每层厚度一般为 1.5~3 m，对于 100 多米高的大坝，重复放样的次数很多。为了混凝土浇筑的立模放样，通常在两岸建立标志，形成平行坝轴的方向线，在上、下游围墙上建立垂直坝轴线的方向线，然后用方向线法放样立模控制线。根据所建立的方向线放样立模点的顺序是：在一条方向线的一个端点安置全站仪，照准该方向线的另一端点（B 点）上的标志，在 P 点附近根据全站仪标出这一方向线 ab；在另一方向线的一端点（C 点）安置全站仪，照准 D 点上的标志，在 P 点附近再标出一方向线 cd。两条方向线的交点即为欲放样的立模点 P。对于放样的 P 点，也可以首先计算其在施工控制网中的坐标，然后用全站仪根据其坐标值用极坐标法或直角坐标法直接放样。坝体填筑及混凝土建筑物轮廓点施工放样允许偏差见表6-1。

表6-1　填筑及混凝土建筑物轮廓点施工放样的允许偏差

建筑材料	建筑物名称	允许偏差/mm	
		平面	高程
混凝土	主坝、厂房等各种主要水工建筑物	±20	±20
	各种导墙及井、洞衬砌	±25	±20
	副坝、围堰心墙、护坦、护被、挡墙等	±30	±30
土石料	碾压式坝（堤）边线、心墙、面板堆石坝等	±40	±30
	各种坝（堤）内设施定位、填料分界线等	±50	±50

注：允许偏差是指放样点相对于临近控制点的偏差。

在重力坝的立模放样中，实际作业时，一般坝块放样时，用方向法放出 1~2 个点，再由它们用直角坐标法或极坐标法放样出坝块的细部。当然也可以用全站仪在控制点上直接放样出每坝块的各个角点，再通过丈量各边的氏度来检核。

二、渠道测量

渠道是农田水利基本建设的重要内容之一，分灌溉渠道和排水渠道两类。无论兴修灌渠还是排渠，都必须进行测量，为设计施工提供依据。一般中小型渠道的测量步骤为：踏勘和选线、中线测量、纵横断面测量和土方计算及施工放样。

（一）渠道的踏勘和选线

选择渠道线路应考虑以下几个主要条件：

一是渠道要尽量短而直，避开障碍物，以减少工程量和水流损失。

二是灌溉渠道应尽量选在比灌区稍高的地方，以便自流灌溉；而排水渠道应选在排水区较低的地方，以便排出区内的积水。

三是土质要好，坡度要适当，以防渗漏、淤塞、冲刷和坍塌。

四是挖、填土石方量要小，渠道建筑物要少，尽量利用旧沟渠，要考虑综合利用，如对山区渠道布置应集中落差，以便发电。

根据上述条件，首先在图上选线，然后再到现场踏勘，最后进行实地选线。

图上选线：若渠道大而长，一般应在地形图上选出几条线路作为预选方案，然后权衡利弊，从中定出一条比较好的线路；如果渠道短而小，便可直接到实地踏勘、定线。

现场踏勘：在图上选出渠道线路后，由各方面人员组成小组，到实地沿着选出的渠线勘察一遍，即踏勘。在踏勘中，要进一步衡量选出的渠线是否符合要求，最后把确定下来的方案标绘到地形图上。

（二）渠道中线测量

中线测量的任务是测出渠道的长度和转折角的大小，并在渠道转折处设置曲线。在渠道线路初步选定后，就要在实地标出渠道中心线，并在实地打桩。为了便于计算渠道长度及绘图施工，必须从渠道起点开始，沿着渠道方向丈量渠道长度，每隔 20 m、30 m、50 m 或 100 m 打一标桩（一般山地丘陵地区桩距 20 m 或 30 m，平地桩距 50 m 或 100 m），称为里程桩。在两里程桩间地形坡度有明显的变化点或经过河、沟、坑、路以及需要构筑水利工程（涵洞、水泵房等）的地方，都应打桩，称为加桩。加桩可用直径 5 cm、长 30 cm 左右的木桩打入地下，露出地面 5~10 cm；桩头一侧削平朝向渠道起点，便于注记。在标定渠线的同时，应丈量出各标桩至起点的水平距离，用红铅笔或油漆记在桩头上或面向起点的桩侧面，作为桩号。注记时，在距离的千米数和米数之间写号，如距离起点1050 m的标桩应写作1+050；起点桩号应写成0+000。渠道较长时，还要在丈量距离时，绘出渠线草图，作为设计渠道时参考。绘制草图时，不必像绘地形图那样细致，可以把整个渠线用一条直线表示，在线上用小黑点表示里程桩的位置，点旁写上桩号。遇到转弯处，用箭头指出转向角方向，写上转角度数，以便用圆曲线相连接，使水流舒畅。沿线的主要地形、建筑物，目测画下来，能显示出特征即可，并记下地质情况、地下水位等资料，以便绘制纵断面图和给设计施工安排提供参考。

当渠道的里程桩和加桩标定完成后，即可进行渠道的中线测量。渠道中线测量就是渠道纵断面水准测量，其任务是测量出渠道中线上各里程桩及加桩的高程，为绘制纵断面图、计算渠道上各点的填挖深度提供数据。

当渠线较长时，为了保证纵断面测量的精度和便于施工时引测高程，必须沿渠道中心线在施工范围以外埋设水准点，每1~3 km敷设临时水准点。水准点高程应尽可能与附近国家水准点联测。局部地区测量小型渠道时，若附近无国家水准点，可采用假定高程进行测量。水准点的测量一般按四等水准测量的精度要求进行实测。测定了水准点高程之后，可依次测量出渠道中心线各里程桩和加桩的高程。一般采用先计算仪器的视线高程，然后用视线高程减中视或前视读数来计算各桩点的高程。渠道纵断面测量的观测、记录、计算的方法与公路中线的纵断面测量的方法相同，不再详述。

（三）渠道横断面测量

渠道横断面测量的任务是测出渠线上里程桩和加桩处两侧的地形起伏变化的情况，绘出横断面图，以便计算填挖土石方工程数量。横断面施测的宽度视渠道大小及地形变化情况而定，一般为渠道上口宽度的2~3倍，渠道横断面测量要求的精度比公路横断面测量要求的精度低，通常距离量至分米，高差量测至厘米即可。

施测时，首先应在渠道的各中心桩上（里程桩和加桩）定出横断面方向，而后以中心桩为依据向两侧施测，中心桩的左侧为左横断面，中心桩的右侧为右横断面，左右的确定是以顺水流方向为准。

由于横断面的测量精度要求比较低，因此，标定横断面的方向可用量角器或简单的十字架。当用量角器测定断面方向时，首先用钢尺或施工线标出中心线，使量角器的一条直角边沿中心线方向，则另一条直角边所指的方向即为横断面的方向；用十字架来确定横断面的方向时，将十字架立于中心桩上，用其中的一根木条上的两钉瞄准前（或后）一个中心桩，则另一对钉连线所指引的方向，即为与中心线成垂直的横断面方向。

横断面的方向确定后，即可测量横断面上各地形变化点与中心桩的距离和高差。其测量方法多种多样，有用标杆和皮尺配合测量，或用水准仪配合皮尺测量，也可以用全站仪直接测量距离和高差等。水准仪和全站仪的观测方法与公路中线的横断面测量相同，不再详述。在此只简单介绍标杆和皮尺配合（俗称为抬杆法）测量横断面的方法，在精度要求不高时，它是一种比较方便的重要方法。

标杆也称为花杆，红白相间，间隔 20 cm。将皮尺的零点端置于断面的中心桩上，拉平皮尺与竖立在横断面方向上点的标杆相交，从皮尺上读得水平距离，从标杆上读得高差。如 0+020 桩左侧一段的第一点，读得水平距离 2.5 m，高差为 -0.40 m，测量结果用一分数表示，分母为距离，分子为高差，接着继续由第一点向左测第二点，并记录距离、高差，直至测到要求的宽度，再在 0+020 桩号右侧用同样的方法施测至要求的宽度，这样就完成了一个横断面的测量工作。

（四）渠道纵横断面图绘制

1. 渠道纵断面图的绘制

通过渠道纵断面水准测量，得出渠道中线上各里程桩及加桩的高程。根据各里程桩及加桩的高程绘制成显示渠道纵向地面变化情况的图，称为纵断面图。它是设计渠底坡度和计算土方的一项重要资料。

渠道纵断面图通常绘在毫米方格纸上，纵轴表示高程，横轴表示距离。为了明显地显示出渠道中线的地势起伏情况，纵断面图的高程比例尺往往是距离比例尺的 10~20 倍。常用的比例尺：高程为 1：100 或 1：200，水平距离为 1：1000 或 1：2000。绘图时，先在纵断面图的里程横行内，按比例尺定出各里程桩和加桩的位置，并注上桩号，再将实测的里程桩和加桩的高程记入地面高程栏，并按高程比例尺在相应的纵向线上标定出来，将这些点连成折线，即为渠道纵向的地面线。

2. 渠道横断面图的绘制

渠道横断面图的绘制方法基本上与纵断面图相同，为了方便计算面积，横断面图上水平距离和高程一般采用相同的比例尺，常用的比例尺为 1：100 或 1：200。地面线是根据横断面测量的数据绘制而成的。设计横断面是根据里程桩挖深（1.24 m）、设计底宽（1.5 m）和渠道边坡（1：1）绘成的。地面线与设计断面线所围的面积，即为挖方或填方的面积。

（五）渠道施工断面放样

为了开挖土方有依据，必须在每个里程桩及加桩上进行渠道横断面的放样工作，就是

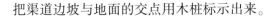

把渠道边坡与地面的交点用木桩标示出来。

渠道横断面图一般有三种形式：挖方断面、填方断面、半填半挖断面。

一般是每隔一段距离才放一个施工断面，便于掌握施工标准。而其他里程桩只要钉出断面的开挖点与渠堤堤脚点，并分别撒以石灰线将各开挖点与各堤脚点连接起来，就能显示出整个渠道的开挖与填筑范围了。

第七章
测绘管理

第一节　测绘管理基本概念

一、概念

测绘是一项为国民经济和社会发展提供与地理位置有关的各种专题性和综合性基础信息的特殊行业。这些基础信息不仅关系到人民生活，而且与国家的经济建设、国防建设和科技事业密切相关。国界线的测绘、全国性和世界性地图的编制出版涉及国家的主权和利益；自然地理要素和人工设施的空间位置、大小、形状和属性涉及国家安全；交通、能源、水利、电力、通信、市政、房屋建筑等工程建设中的测绘工作，涉及公共安全和公众利益；地籍测绘和房产测绘涉及社会公众利益和人民生活。从某种意义上说，现代战争打的是空间数据战争，如果没有准确的空间数据，导弹就不可能准确地击中目标，火箭、飞船也不可能遨游太空，人类征服空间的梦想就无法实现。因此，对测绘工作的管理不单纯是企业内部的管理问题，大量的管理工作牵涉国家和地方测绘行政主管部门对测绘生产单位的规范管理，测绘生产单位仅须无条件接受管理，并依法规范自己的测绘活动，重点搞好内部生产管理，抓好产品质量和经济效益。所以，测绘管理就是测绘行政管理和测绘生产单位管理的总称。

二、测绘管理的地位和作用

测绘管理是一项专业性强、新技术密集的工作，它在国民经济和社会发展中所处的地位和作用不容忽视，搞好测绘管理必须从以下几方面进一步认识它的重要性：

一是任何一个经过测绘的自然地理要素和人工设施都可用一组坐标表示，其中有很多属于国家重要设施，不允许敌对势力进行干扰和破坏，同时，测绘也是获取用于国防、科技的空间数据的重要手段。所以，测绘涉及国家安全，从维护国家安全的角度来看，需要加强测绘管理。

二是国界线的测绘和各种地图的编制出版不仅涉及国家的主权和利益，如果出现绘制错误，还会影响国家的外交关系。因此，从外交活动的角度来看，需要加强测绘管理。

三是测绘服务于经济建设的各个领域，各类基本建设工程设计、施工和竣工阶段，如果测绘数据出现错误或质量问题，就会导致工程质量问题，危害公共安全和公众利益。因此，从这方面看也须加强测绘管理。

四是国家、组织和人民群众的土地使用权与房产使用权的确认及由此而引起的房产纠纷、土地纠纷都与房产测绘和地籍测绘密切相关，这些测绘成果的可靠性和准确性涉及社会公众的整体利益，需要由测绘管理工作依法确认。

五是改革开放以来，我国的测绘市场从无到有、从小到大，发展很快，市场规模也越来越大。这样巨大的市场，其市场秩序的好坏将直接影响到我国的社会主义市场经济秩序，因此，需要用测绘管理手段予以加强。

六是基础测绘是社会经济发展的基础性工作，是政府应当提供的公共服务、社会公益性事业，属于公共财政投资的领域，必须由各级政府统一规划和协调。

七是测绘服务的对象是经济建设、国防建设和社会发展，如何适应服务对象的需求，提供及时的、准确的、标准的规范化服务是测绘所涉及的社会问题，必须通过测绘管理工作来实现。

八是人们通过测绘完成了一系列的测绘成果，如何有效地保管、提供、使用这些测绘成果，以推进地理信息共享，减少重复浪费，推进信息化建设，要制定公共政策和进行公共管理。

以上这些公共事务除政府外，其他社会组织和个人是难以承担的，这些社会公共事务的管理，各级政府都有相应的责任，它使测绘管理工作处于十分重要的地位，各级测绘管理部门应当在这些行政事务的管理方面发挥出强有力的作用。

三、测绘管理工作研究的内容

新中国成立以来，我国的测绘事业有了很大的发展，为国民经济和社会发展做出了很大的贡献。测绘行业也从小到大，并已发展成为由 20 多万人组成的测绘生产、科研、教育、仪器制造、行政管理等门类齐全的体系。目前，全国有近 7000 个取得测绘资质证书的测绘生产经营单位，涉及测绘、国土、地矿、水利、交通、电力、地震、煤炭、铁道、冶金、有色金属、石油、农业、林业、海洋、建材、建设、核工业、教育、科研、航空、航天、电子机械、兵器、化工、邮电、纺织、轻工、气象、环保、国防等领域。为了使测绘事业的发展适应社会主义市场经济体制的要求，国家测绘行政主管部门和各省、市、自治区、直辖市测绘管理部门，先后制定和发布了许多加强测绘管理的以《中华人民共和国测绘法》（以下简称《测绘法》）为核心的法律、法规、规章和一系列规范性文件，这些有关测绘管理的法律、法规、规章和一系列规范性文件为我国测绘事业的测绘行政管理和各测绘生产经营单位的测绘生产管理明确了方向。因此，测绘管理研究的主要内容是以下几点：

一是加强测绘工作的统一监督管理，大力推进依法行政。按照《测绘法》的精神，制定和修订地方的测绘管理条令、法规和规章，使各项测绘工作切实做到有法可依。

二是加强测绘资质、资格和作业证的监督管理，完善测绘市场准入制度，加强测绘资质的动态管理。

三是加强测绘市场的监督管理，规范测绘项目招投标行为，打破部门、行业垄断和地区分割，引导测绘市场向着统一、规范、有序的方向发展，有效地减少重复测绘，避免国家财产的损失和浪费。依法查处测绘市场违法行为。做到执法必严、违法必究。

四是依法进行基础测绘管理，不断提高保障能力，依法编制并落实基础测绘规划和计划，搞好基础测绘的分级管理。

五是规范与管理地图市场，加强对编制、印刷、出版、展示、登载地图的管理。加强对国家版图的宣传教育，增强公民的版图意识，保证地图质量，维护国家主权、安全和利益。

六是加强测绘成果质量的监督管理，积极推进测绘单位开展质量保证体系认证，不断完善内部质量管理制度，充分发挥测绘成果质量监督检验机构的作用，切实搞好测绘成果质量的监督检验，遏制粗制滥造现象的发生。

七是加强测绘成果和地理信息数据管理，落实和检查测绘成果汇交和保密制度，加强测绘成果数据安全管理，开展保密教育。确保向社会发布的重要地理信息数据的准确性和权威性。

八是建立和完善测绘标准体系，做好地理信息标准制定、修订，促进国家地理空间信息平台建设和共享。制定、完善工程测量、房产测绘、地籍测绘及行业测绘等技术规范，加强对贯彻执行测绘标准的监督检查。

九是采取有效措施，加强测量标志的保护工作，并按照规定检查、维护好永久性测量标志。

十是加强测绘单位的内部管理。各测绘生产经营单位，在内部运行机制和生产组织结构调整的基础上，积极采用测绘高新技术和现代化管理方式，不断提高技术水平、创新能力和保障能力，搞好经济核算，在提高社会效益的同时，不断提高自身的经济效益。

十一是加强测绘科技创新管理，瞄准国际测绘科技前沿，加强测绘基础研究，保持科技先进水平，推动测绘行业技术体系升级，调动广大测绘科技工作者的积极性和创造性，加速我国测绘事业的发展和科技进步。

十二是加强测绘行政执法监督管理，建立执法行政责任制、评议考核制和行政过错追究制等制度，明确行政执法职责，层层分解，逐级监督，加强执法人员的培训，提高其综合素质和执法水平。实行政务公开，简化行政程序，提高经济效益。

四、测绘管理的组织形式

（一）测绘生产单位管理

我国正处在建立和完善社会主义市场经济体制过程中，实施了一系列的经济体制和行政管理体制改革的措施。目前，测绘工作体制也处在改革中。在计划经济时期，我国的各类测绘单位附属于政府主管部门，以事业单位的形态存在，其经费由财政划拨，任务由主管部门以指令性计划的方式下达。随着我国社会主义市场经济体制的确立，政府机构改革、事业单位改革的不断深化，国家出台了一系列事业单位改革的政策方针和具体措施，大量的测绘单位与主管部门解除了行政隶属关系，向企业化转制，由现行的事业性质改为科技型企业，成为适应市场经济要求的法人实体和市场主体。伴随着测绘市场的形成和发展，从事测绘活动的主体也出现了多元化的趋势。一方面，原来事业性质的测绘队伍改制、改企，进入测绘市场承揽业务，成为自主经营、自负盈亏、自我发展的市场主体和经济实体；另一方面，很多测绘事业单位改组、改制，成为有限责任公司或股份公司。多种经济成分的测绘单位纷纷出现，如混合所有制测绘企业、股份制测绘企业、民营测绘企业、外商投资测绘企业等。这些不同形式的经济实体的出现，为我国测绘事业的改革和发展注入了新的活力。不管它们是哪一种经济成分的实体，它们都是测绘生产单位，都是从事测绘生产经营活动，为社会提供符合要求的测绘产品的经济实体。这些单位一般冠以测绘院、基础地理信息中心、航测遥感公司、综合测绘公司、勘察测绘公司以及各类专业地图出版社、测绘仪器厂和测绘技术服务公司等。

这些单位的主要生产任务是：根据国家下达的计划和市场需求综合运用各种测量手段和生产工艺，通过获取、处理空间信息，为我国的经济建设、国防建设、科学研究、外交事务、交通旅游和行政管理等准确、及时地提供可靠的测绘保障；通过生产、加工提供测绘产品和发布各类信息，发展商品生产，积极创造财富，不断增加积累，满足社会日益增长的物质和文化需求，保证各项建设取得较大的经济效益。为此，每一个测绘单位，在改革和完善经营机制的基础上，应努力拓宽服务面。同时，应积极承担一些相应的责任：严格执行国家的方针、政策和法令；严格履行经济合同；自觉接受市场、行政、财政、物价、税收和审计管理；搞好安全和环保工作，不断改善劳动条件，切实维护好职工的合法权益；加强社会主义精神文明建设，做到文明管理，文明施工。

根据测绘生产单位组织形式和主要生产任务，其管理工作主要有以下几方面：

一是建立健全组织机构，合理划分岗位，抓好制度建设。

二是搞好市场预测和科学决策，规范进入测绘市场。

三是实施全面质量管理，积极争取质量认证，抓好计划管理和生产管理。

四是引入竞争机制，促进测绘科研和测绘生产的有机结合，推动测绘单位成为技术创新的主体。

五是搞好设备和计量管理，保证各种设备始终处于良好的运行状态。

六是加强成本和财务管理，搞好经济核算，促进各项资金的合理流动。

七是搞好出版、印刷、仪器生产单位的物资供应和销售，严格物流管理。

八是加强劳动人事管理，积极形成促进科技创新和创业人才会集机制，以人才资源能力结构为主题，以调整和优化人才结构为主线，抓住培养、引进和使用人才的环节，着力建设好党政人才、经营管理人才和专业技术人才队伍。

九是搞好技术经济分析，确保良好的社会效益和经济效益。

（二）测绘行政管理

测绘行业是一个以部门所有制为依托，行业结构相对松弛的跨部门、跨地区、高度分散的行业。在当前，用测绘行政管理方式，加强对各行业测绘的统一管理是测绘管理工作的重要内容。各行业的测绘生产经营单位，都必须以国家各级测绘行政管理部门制定的法律、法规、规章和规范性文件为依据，搞好内部经营管理的同时，自觉接受各级测绘行政管理部门的管理。因此，学好、用好测绘法律、法规、规章和各类规范性文件，掌握测绘行政管理的知识和内容是本书研究的重点。

现阶段我国测绘管理体制具有以下特征：

一是国家测绘地理信息局系统、中国人民解放军总参谋部测绘局系统和各经济建设部门的专业测绘系统分立。基于历史的原因和国家经济建设的需要，我国测绘行业形成的三大系统均按照各自的要求组建测绘队伍，并建立了具有部门特征的国家和省、自治区、直辖市两级测绘管理体制。

二是测绘事业单位、事业体制的企业管理单位和企业单位并存。随着我国社会主义市场经济体制的确立，从事经营活动的公益性事业单位要逐步与事业单位分体运行，以承担市场任务为主的事业单位要逐步向经营性事业单位或企业转制。因此，当测绘事业单位分类改革完成后，这种"三制"并存的现象终究会成为历史。

三是测绘行业各系统中的政府职能部门与测绘生产单位之间，政、事、企职责不分。在较长的时间里，各级测绘行政主管部门注重测绘单位的微观管理、直接管理多，而着眼于测绘行业的宏观管理、间接管理少；对测绘单位管得过细、统得过死，生产单位实际上没有独立的生产经营权。这种现象随着测绘市场的形成和发展，会逐步走上规范化、法制化的轨道。

目前，全国测绘行业管理的主管部门是国家自然资源部，地方测绘行业管理的主管部门是各省、自治区、直辖市自然资源厅。为了加强测绘工作的统一监督管理，各级测绘行政主管部门必须切实转变职能，积极培育健全统一、开放、竞争、有序的现代市场体系，加强和完善宏观调控，打破各种市场障碍，整顿和规范市场秩序，发展现代流通方式，尽快建立和健全我国的现代测绘市场体系。

第二节　测绘科学技术管理

一、测绘科学技术管理的概念

测绘科学技术管理是对整个测绘行业和测绘单位的科学研究、技术开发、新产品开发以及日常技术活动的组织与管理的总称。其内容有：新技术的开发、引进、推广、转让、科技交流和科技合同的组织管理；新产品和新工艺的设计、试验（制）、推广的组织管理；技术改造与设备更新管理；科学研究与科技情报管理；日常生产技术准备、标准化工作、技术革新、安全技术措施与环境保护等组织管理；测绘科研和技术发展规划及技术经济论证的组织与管理。此外，还有职工技术培训和技术、知识更新的管理工作等。

二、测绘科技管理的任务

测绘科技管理就是要按照科学技术工作的规律，利用现有的技术力量和科技发展经费，把最新的科学技术成果，尽快地转化为生产力，以推动测绘科技的发展，促进经济效益的提高。具体有以下几项任务：

一是保证测绘科学研究与技术开发的顺利进行，加速科学技术尽快转化为生产力。实现技术进步，不断提高测绘生产的现代化水平。

二是合理地组织测绘技术力量，建立健全各项技术管理制度，严格执行各项测绘技术标准和技术规范，保证测绘生产文明安全、科学有序地进行。

三是努力培养一支适应现代测绘科技发展的测绘技术队伍，不断更新和充实新仪器、新设备、新工艺，利用各种手段有计划、有目的地开展对现有测绘队伍的技术更新和技术培训，不断提高测绘技术队伍的现代化水平。

四是测绘科技管理要立足当前、着眼未来。一切测绘科技管理工作都是为了满足测绘生产的需要和解决测绘技术管理的关键问题；都是为了推动技术进步、拓宽服务面；都是为了促进经济发展，获取更大的经济效益。

五是测绘科技管理要强化技术经济论证，搞好技术经济分析，以确保技术方案达到技术先进、经济合理、实践可行。

三、新技术开发

(一) 新技术的概念

新技术是指在一定时间内第一次出现的技术，或是将原有的技术经过革新、改进，在性能、技术上有所突破、有所进步的技术。它是变革物质生产过程的重要手段，是联系现代科学与生产的纽带。广义的新技术不仅包括新产品、新设备、新工具、新材料、新工艺、新能源，而且包括与之有关的新系统、新管理技术等软件。

新技术是一个动态的时间概念，今天的新技术，随着科学技术的进步和发展，将会变为旧技术，会被更为先进的新技术所替代；新技术也是一个空间概念，这个地区的新技术有可能是另一个地区的旧技术。所以有一个单位、一个地区、一个行业、一个国家乃至全世界范围内的新技术。

随着全世界范围科学技术的进步和发展，测绘行业的各个领域都在迅速利用新技术变革传统的测绘技术。大地测量中的卫星多普勒定位、甚长基线射电干涉测量（VLBI）、全球定位系统（GPS）等新技术的出现和应用，使传统大地测量进入空间大地测量和整体大地测量新时期；摄影测量技术在信息技术、航天技术等新技术推动下，已从模拟法摄影过渡到解析法摄影测量系统，并通过航天摄影测量与遥感技术融为一体，实现了数字化；地图制图技术已改变了传统的手工作业和静态模拟产品体系，形成了电子地图、数字地图和地理信息系统等新技术；在工程测量方面，已形成了多种形式的内、外业工作一体化的数字化成图技术；在海洋测绘领域，已经采用卫星导航定位技术、激光测深系统等新技术，数字海图已形成了较完善的生产、管理和发布体系，目前已经使用了数字化、自动化和智能化的测深仪、验潮仪，电子海图系统的应用也出现了相当规模。测绘管理也已改变了传统的管理模式，以系统论、信息论、控制论为核心逐步推广应用市场预测技术、经营决策技术、优化技术和网络计划技术。

新技术按其产生的条件和方式可分为不同类型：在科学技术发展史上产生新的突破的

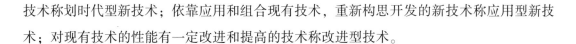

技术称划时代型新技术；依靠应用和组合现有技术，重新构思开发的新技术称应用型新技术；对现有技术的性能有一定改进和提高的技术称改进型技术。

（二）新技术开发的概念

新技术开发是实现技术进步的重要手段，是提高生产技术水平和经营管理水平的重要途径。从宏观经济来看，新技术开发是科学技术上的发现与发明转化为社会生产力的全过程；从测绘单位的微观经济来看，它是测绘单位第一次应用新技术所开展的一系列活动。

1. 新技术开发的内容

（1）新产品开发

它包括发展新产品和改造老产品，它是测绘单位技术开发的主要内容。就产品而言，是指具有新原理、新构思和新设计的产品，如数字地图；采用新材料和新部件的产品，如绸质地图；具有新的性能特点的产品，如正射影像图；具有新的用途或市场需要的产品，如立体模型图等。

新产品开发一般经过以下几个阶段：

前期开发阶段——其主要工作是进行市场调查与技术调查；确定新产品开发方案的构思创意及筛选；方案选优及编制计划任务书。

设计阶段——包括新产品开发方案设计；新产品技术设计试验研究；新产品工艺设计。

试制鉴定阶段——包括新产品的样品、样机试制；样品、样机试验；样品、样机鉴定。

正式投产阶段——主要是小批量生产；小批量产品鉴定；市场销售调查；正式投产。

新产品销售阶段——包括初期销售技术服务；长期使用情况调查。

（2）仪器设备与工具的开发

仪器设备与工具是测绘生产单位的主要物质基础，为适应现代化生产的需要，对现有仪器和工具进行技术开发，使常规测量仪器实现数字化、自动化，并带有用于大比例尺地形测图的存储功能和图形及数据库编辑功能，进一步实现轻型化、智能化。

（3）生产工艺开发

新生产设备的开发往往与生产工艺的开发密切相关，因此，仪器设备的改革需要新而高效的工艺与之相适应。

（4）系统开发

根据系统原理进行系统分析，运用计算机技术，围绕测绘单位要达到的总目标，按照业务管理程序，进行新的系统设计。如基础地理信息系统、航测数字化成图系统、地籍管理信息系统。

新技术开发的内容非常广泛，测绘单位应根据不同的时间、地点、条件，准确地选择技术开发的重点。

2. 新技术开发的类型

（1）独创型

独创型技术开发既不是以往生产经验的概括和总结，也不是传统技艺的改造和提高，而是从基础研究开始，通过应用研究，取得技术上的重大突破，再通过开发研究提出生产性样品、样机，经过试生产，再投入批量生产。

（2）引进（转移）型

引进（转移）是指从测绘单位外部引进先进的生产工艺技术、加工技术、经营管理技术，经吸收、消化、改革、创新而生产出新品种的开发过程。它可改变我国技术落后的状况，迅速提高测绘生产单位的技术水平和生产效率，同时，节省大量的经费。

（3）综合开发型

它是对现有技术加以综合、组配，形成新的技术。有两种方式：一是单项移植，互相组配，即以某项技术为主体，另一项技术与之组配，从而产生性能更为优越的新型技术。最典型的是测绘仪器电子化，它以仪器设备为主体，把电子技术移植到仪器上，产生电子测距仪、数控绘图仪等。二是多种技术加以综合，即把几项现有的技术有机地组配在一起，形成另一种新技术。

（4）延伸型

延伸型即把现有的技术向其深度、广度开发，包括向技术的密度、强度、规模等方向发展。

（5）总结提高型

总结提高型即通过生产实践经验的总结、提高来开发新技术。

综上所述，测绘单位应充分依靠行业和社会上的科研力量，重视自身的开发能力，重视科技人员的研究工作，广泛开展群众性的技术革新活动，不断形成新技术开发的广泛基础。

（三）新技术开发的组织形式

长期以来，基础研究、应用研究与开发研究存在严重的脱节现象，致使科研机关的研究项目和研究成果不能很快地转化为现实生产力。随着经济体制改革的不断深化，科研管理体制和教育体制也相应地改革，出现了测绘生产单位与高等院校、科研机关联合开发新技术的局面，联合的方式多种多样，主要有以下内容：

一是组织科研生产联合体。它是按照专业化协作的原则，以重点产品或项目为中心组织科研、生产、服务联合体，使科研成果直接应用于生产为目的的科研机构。

二是建立技术开发中心。它是以测绘行业和各单位已有的科研机构为基础，集中力量为本行业科研成果的推广、普及和应用服务。

三是建立科研生产的长期协作关系。它是在建制隶属关系不变的条件下，生产、科研单位和高等院校建立的长期联合、协作关系。同时，生产单位为高等院校提供稳固的实习基地，将科研成果直接应用于生产，并合理进行收益分配。

四是开展科技人才交流和技术咨询。测绘单位利用科研单位、高等院校的实验设备进行实验、论证，科研院所和高等院校的专家、学者定期或不定期地到测绘生产单位兼职、挂职工作，并为生产单位遇到的实际问题提供技术咨询、论证、诊断。

四、技术改造

技术改造是指在测绘单位原有技术经济基础上，用先进技术代替落后技术，用先进工艺代替落后工艺，用先进装备代替落后装备，以改变陈旧的技术面貌，实现以内涵为主的扩大再生产，全面提高单位的经济效益和社会效益。

1. 技术改造的原则

技术改造既要利用又要改造测绘单位原有的技术基础，而且要本着以下几条原则进行：

①必须从我国的国情出发，既要坚持自力更生，又要积极引进国外先进技术。

②必须以技术进步为前提，实现以内涵为主的扩大再生产。

③必须以测绘行业的规划为指导，密切结合产品改造、产品开发、产品结构的调整。

④必须以提高测绘单位的经济效益和社会效益为目的。

⑤必须实行专业队伍与广大群众相结合。

2. 技术改造的内容

测绘单位技术改造的根本目的，在于推动测绘生产的发展，都应当既先进可靠，又符合生产实际的需要。因此，测绘单位的技术改造应立足以下几方面：

①改革测绘产品的结构，提高产品的性能和质量，增加产品品种和系列，使产品不断更新换代，以满足市场需求。

②以节约原材料和能源消耗、降低成本为基础，重点对那些使用年限长、磨损严重、精度低、效率差的老仪器、老设备、旧工艺进行更新改造。

③通过采用先进的工艺流程，购置或引进先进的设备和技术，合理利用现有资源，提高综合利用水平。

④通过改善劳动环境和劳动条件，减轻劳动强度而进行的技术改造。

⑤以改进和加强检测手段，提高产品质量，推行现代企业制度，实现管理手段现代化而进行的技术改造。

当前，测绘单位技术改造的重点应该朝向常规测绘手段的实时化、数字化、智能化和一体化方向，并以市场和用户为前提，以工艺技术为基础，把技术开发、技术引进、工艺协作、原材料供应和市场开发有机地结合起来，既进行仪器设备的更新改造，又要进行工艺改革和新材料的开发利用。

测绘单位技术改造是一项影响大、涉及面广、技术性很强的工作，只有进行科学的组织管理，才能达到预期的效果。此外，科技情报工作是科学研究和新技术开发必不可少的重要手段。应设立专门的机构和人员，广泛、迅速、准确、及时地搜集有关的测绘科技情报信息，使科技情报更好地为科学研究、技术进步和开发新产品服务。

第三节　测绘生产质量管理

一、设计过程的质量管理

设计过程质量管理的具体任务主要有两方面：一是根据市场调查，使改进的老产品和研制的新产品具有更好的使用价值，保证满足用户的使用要求；二是提高测绘单位的生产效率并取得良好的经济效益。为此，应抓好下列几方面的工作：

第一，制定质量目标。

第二，审议设计方案。

第三，组织新产品的试验、试制和鉴定工作。

第四，进行产品设计质量的技术经济分析。

这项工作主要就是分析或计算测绘产品的质量成本，即预防成本，它是预防发生故障所支付的费用，如编制质量计划、设计审查、制定标准、进行质量培训和开展群众性的质量教育等；鉴定（检验）成本，是指用于试验、检测以及评定产品是否符合规定的质量水平所支付的费用，如材料、半成品的检验、检测、试验费用以及检测仪器的购置与维修费用；损失成本，是指因产品不能满足质量要求而造成的损失所发生的费用，它又分为两种，一种是内部损失成本，是指交货前因产品不能满足质量要求所造成的损失，如返工、复验、报废等，另一种是外部损失成本，是指交货后因产品不能满足质量要求所造成的损失，如保修、责任赔偿、诉讼费用等。

产品的质量成本主要是通过产品的设计质量与其成本销售额之间的关系反映的：当质量提高到一定程度时，若再提高，其成本急剧增加；反之，当质量低到一定程度时，若再降低，成本也不会再降低。同样，当设计质量达到一定水平后，随着质量的提高，销售额便呈下降趋势。这就是说，产品必须保持在一定的质量水平上，测绘单位才会有盈利，不能盲目地通过无限制地降低成本提高质量的办法去寻求较高的经济效益。

第五，加强标准化的审查工作。

第六，保证技术设计书及其文件的质量，严格遵守设计过程的工作程序，组织设计人员深入生产过程，对所须用的仪器、设备、工具进行检验和校正，确保生产中应用的计算机软件及须用的各种物资能满足产品质量要求。

二、生产作业过程的质量管理

生产过程是产品质量直接形成的过程，也是设计意图转化为有形产品的过程。加强生产过程的质量管理，是保证和提高产品质量的关键，是质量管理的中心环节。测绘生产过程的质量管理，其工作重点和活动场所是各个测绘分队。

生产过程质量管理的任务是建立能够稳定生产合格和优质产品的生产系统，抓好每个生产环节的质量管理，严格执行技术标准，保证每个工序的作业质量；通过质量分析，找出产生缺陷的原因，采取预防措施，把不合格产品消灭在生产过程开始之前。因此，搞好生产过程的质量管理应重点抓好以下几项工作：

第一，加强工艺管理，严格操作规程。

第二，组织文明生产。

第三，合理选择检验方式，组织好生产过程的质量检验。根据技术标准，对原材料、半成品、成品、工艺过程的质量进行检验与把关，并保证不适用的材料不投产，不合格的半成品不流入下一道工序，不合格的产品不交付使用。因此，测绘单位应按下述方式组织好质量检验工作：

一是建立一支具有高度责任感、业务熟练、坚持原则、作风严谨的专职质量检验队伍，同时通过作业人员自检、互检，强化对产品质量的自我把关。实行专、群结合，不断完善测绘单位的质量检验体系。

二是选择合理的检验方式，重大测绘项目应实行首件产品的质量检验，对不同的检验对象选用不同的检验方式，坚持勤俭节约的原则，尽量缩短检验周期，减少检验费用；合理地选择检验点，在关键工序、重点工序设置必要的检验点，把那些质量波动大、技术复杂、直接生产成品的工序及下道工序无法检验的项目，设立由专职检验人员直接把关检验点。

三是提高检验工作质量。通过经常性的培训和考核，不断提高检验人员的技术水平；不断完善产品质量检验制度和检测手段，保持检测工具的精度；不断完善检验规程，保证在最经济的条件下控制产品的质量。

四是掌握质量动态，做好质量动态分析。根据定期的综合统计材料，对质量变动原因进行分析，使领导和职工及时掌握质量动态，并采取相应的措施。

五是强化工序质量管理。工序质量管理是质量管理的核心，是防止不良品产生的有效办法，生产作业过程中的工序产品必须达到规定的质量要求，下道工序有权退回不合质量要求的上道工序产品，并及时进行修正处理，因质量问题造成下道工序损失，或因错误判断造成上道工序损失的，均应承担相应的经济责任。

加强对测绘产品质量的监督管理，测绘单位必须建立并完善内部质量审核制度。对检查发现的不合格产品，应及时进行跟踪处理，做出质量记录，及时采取纠正措施。经成果质量过程检查的测绘产品，必须经过质量检查机构的最终检查，评定质量等级，编写最终检查报告。过程检查、最终检查和质量评定应按国家测绘局颁发的《测绘产品检查验收规定》和《测绘产品质量评定标准》执行。

三、辅助生产过程的质量管理

为保证生产出优质产品，必须抓好物资供应、工具供应、仪器设备维修、仓库保管、运输服务等辅助部门的质量管理。这些部门质量管理工作的优劣与生产过程的质量有着密切的关系。为此，应抓好以下几方面的工作：

（一）物资供应的质量管理

首先要做好入库物资的检验工作，保证生产用物资符合质量要求，然后应加强运输管理和库存物资的质量管理，以维持其原有的质量水平；做好物资投产前的质量检验，保证不合格的原材料不投产；要抓好服务质量，做到供应及时，方便生产，优质服务，同时，应注意在满足生产的前提下，减少储备，加速资金周转。

（二）工具供应的质量管理

测绘生产中使用的工具，大都是市场上购买的标准工具，如各种钢尺、皮尺、比例尺和一些绘图工具、标准器具等，它们本身质量的好坏，直接影响着测绘产品的质量及其检验质量，所以，必须建立相应的领用、保管、验收、鉴定、校正、修理等管理制度。

（三）设备维修的质量管理

测绘仪器设备是测绘单位现代测绘生产的物质技术基础。产品质量水平在很大程度上直接取决于仪器设备的质量，因此，对产品质量的控制重点应放在对仪器设备质量的控制上，并通过维护保养及必要的修理，保证仪器设备的正常运转和质量要求。生产作业人员要正确地使用、维护和保养，专职维修人员要与生产活动密切联系，定期查看、适时指导，对发生故障的设备及时修理，对易磨损的零部件及时更换，以消除隐患，保证维修质量。此外，各测绘单位还应建立和健全设备档案。

四、使用过程的质量管理

产品的使用过程是实现生产目的的过程，也是考验产品实际质量的过程。产品的质量特性是根据其使用要求而设计的，产品实际质量的好坏，要由用户来评价。因此，测绘单位的质量管理工作必须从生产过程延伸到使用过程。为此，必须做好以下三方面的工作：

（一）开展技术服务工作

测绘产品对用户的技术服务工作，可采取多种形式，如建立测绘技术咨询服务机构，帮助用户搞好技术培训，举办各种读图、用图学习班等，最大限度地发挥好测绘产品的使用价值。

（二）搞好与用户间的信息反馈

建立质量信息反馈网络，了解和搜集测绘产品在实际使用中是否真正达到规定的质量标准，是否真正实现了设计所预期的质量目标；同时，主动征求用户对测绘质量的意见，了解用户对产品提出的新要求，及时反馈信息，为进一步改进设计和提高生产过程的产品质量提供依据。

（三）认真处理好产品质量问题

及时、认真地处理用户的质量查询和反馈意见。对用户反映的质量问题和要求，属生产问题的应及时进行检查、修测；由于产品质量不好，在使用期内造成事故的，生产单位要负责赔偿经济损失，并达到用户满意。

在社会主义市场经济条件下，要想获取高额利润，必须十分重视和加强产品使用过程的质量管理。应从过去的"产品售出，概不退换"，变为"产品售出，服务上门"；应想用户所想，急用户所急；"用户就是上帝"，应"一切想着用户""一切为了用户"；应做到全心全意为用户服务，把使用过程的质量管理搞得更好。

五、质量奖惩

测绘单位应当建立质量奖惩制度，对在质量管理和提高产品质量中做出显著成绩的基层单位和个人，应给予奖励，并可申报参加测绘主管部门组织的质量评优活动。对违章作业、粗制滥造甚至伪造成果的有关责任人，对不负责任漏检错检甚至弄虚作假、徇私舞弊的质量管理、质量检查人员，依照《测绘质量监督管理办法》的相应条款进行处理。测绘单位对有关责任人员还可给予内部通报批评、行政处分及经济处罚。

第四节　测绘成果管理与标志保护

一、测绘成果管理

为了加强对测绘成果的管理，保证测绘成果的合理利用，提高测绘工作的经济效益和社会效益，使测绘成果更好地为社会主义现代化建设服务，中华人民共和国国务院于1989年3月21日以第32号令发布了《中华人民共和国测绘成果管理规定》，并自1989年5月1日起实施，2006年9月1日废止。中华人民共和国国务院于2006年5月27日以第469号令发布了《中华人民共和国测绘成果管理条例》，自2006年9月1日起施行。

国家对测绘成果实行分级管理：国务院测绘行政主管部门主管全国测绘成果管理和监督工作，并负责组织全国基础测绘成果及其有关专业测绘成果的接收、搜集整理、储存和提供使用；省、自治区、直辖市人民政府测绘行政主管部门主管本行政区域内测绘成果的管理和监督工作，并负责组织本行政区域内的基础测绘成果及其有关专业测绘成果的接收、搜集整理、储存和提供使用；国务院有关部门和省、自治区、直辖市人民政府有关部门负责本部门专业测绘成果的管理工作。军队测绘主管部门负责军事部门测绘成果的管理工作。

《测绘法》第二十八条规定："国家实行测绘成果汇交制度。测绘项目完成后，测绘项目出资人或者承担国家投资的测绘项目的单位，应当向国务院测绘行政主管部门或者省、自治区、直辖市人民政府测绘行政主管部门汇交测绘成果资料。属于基础测绘项目的，应当汇交测绘成果副本；属于非基础测绘项目的应当汇交测绘成果目录。"又规定："国务院测绘行政主管部门和省、自治区、直辖市人民政府测绘行政主管部门应当定期编制测绘成果目录，向社会公布。"

国务院有关部门驻各省、自治区、直辖市的直属单位、省人民政府有关部门和大专院校负责本部门、本系统专业测绘成果的管理工作。

以上条款对汇交测绘成果目录和副本的主管机关、汇交单位和汇交测绘成果目录和副本的内容和形式等都做出了具体规定。因此，汇交测绘成果目录和副本是测绘管理工作的一项重要内容。

（一）汇交测绘成果目录及副本的意义

汇交测绘成果目录和副本是一项测绘行政管理制度，它不仅有利于国家对测绘工作的统一管理和统筹规划，还有利于各类测绘成果的充分利用。

《测绘法》第三十条规定："使用财政资金的测绘项目和使用财政资金的建设工程测绘项目，有关部门在批准立项前应当征求本级人民政府测绘行政主管部门的意见，有适宜测绘成果的，应当充分利用已有的测绘成果，避免重复测绘。"

因此，实行汇交测绘成果目录和副本制度的主要目的在于：一方面，各汇交单位是无偿向国务院测绘行政主管部门或者省、自治区、直辖市人民政府管理测绘工作的部门汇交有关目录和副本；另一方面，主管部门对各部门汇交的测绘成果目录和副本，应定期编制测绘成果目录表向有关使用单位提供，向社会传递有关完成测绘成果的信息，从而提高各部门测绘成果共享性，有效地避免重复测绘现象发生。

《中华人民共和国著作权法》第三条规定，"工程设计、产品设计图纸及其说明""地图、示意图等图形作品"和"计算机软件"都属于知识产权作品，受《中华人民共和国著作权法》保护。测绘成果中的技术设计、产品设计、地形图和有关计算机软件的属知识产权的，适用于著作权法，国务院测绘行政主管部门和省、自治区、直辖市人民政府管理测绘工作的部门对各部门、各单位汇交的测绘成果副本有保护其知识产权的责任，未经汇交测绘成果副本的部门和单位同意不得向第三方提供。所以，汇交的测绘成果副本还有保护知识产权的作用。

（二）汇交测绘成果目录及副本的实施

《关于汇交测绘成果目录和副本的实施办法》第三条规定："汇交测绘成果目录和副本实行无偿汇交。汇交的测绘成果副本的版权依法受到保护，任何部门和单位不得向第三方提供。"

第一，国务院有关部门和县级以上（含县级，下同）地方人民政府有关部门必须汇交的基础测绘成果和专业测绘成果目录具体如下：

①按国家基准和技术标准施测的一、二、三、四等天文、三角、导线、长度、水准测量成果的目录。

②重力测量成果的目录。

③具有稳固地面标志的全球定位测量（GPS）、多普勒定位测量、卫星激光测距

（SLR）等空间大地测量成果的目录。

④用于测制各种比例尺地形图和专业测绘的航空摄影底片的目录。

⑤我国自己拍摄的和收集国外的可用于测绘或修测地形图及其专业测绘的卫星摄影底片和磁带的目录。

⑥面积在 10 平方公里以上的 1∶500～1∶2000 比例尺地形图和整幅的 1∶5000～1∶1 000 000比例尺地形图（包括影像地图）的目录。

⑦其他普通地图、地籍图、海图和专题地图的目录。

⑧国务院有关部门主管的跨省区、跨流域，面积在 50 平方公里以上，以及其他重大国家项目的工程测量的数据和图件目录。

⑨县级以上地方人民政府主管的面积在省管限额以上（由各省、自治区、直辖市人民政府颁发的测绘行政管理法规确定）的工程测量的数据和图件目录。

以上汇交的目录均为一式一份。

第二，国务院有关部门和省、自治区、直辖市人民政府有关部门必须汇交的有关测绘成果副本具体如下：

①按国家基准和技术标准施测的一、二、三、四等天文、三角、导线、长度、水准测量成果的成果表、展点图（路线图）、技术总结和验收报告的副本。

②重力测量成果的成果表（含重力值归算、点位坐标和高程、重力异常值）、展点图、异常图、技术总结和验收报告的副本。

③具有稳固地面标志的全球定位测量（GPS）、多普勒定位测量、卫星激光测距（SLR）等空间大地测量的测量成果、布网图、技术总结和验收报告的副本。

④正式印制的地图，包括各种正式印刷的普通地图、政区地图、教学地图、交通旅游地图，以及全国性和省一级的其他专题地图。

以上汇交的副本，除地图一式两份外，其他均为一式一份。

第三，对有关部门、组织汇交测绘成果目录及副本的几项规定：

①国务院有关部门当年完成的测绘成果的目录和副本应在第二年 3 月底之前向国家测绘局汇交；县级以上地方人民政府有关部门当年完成的测绘成果的目录和副本应在第二年 3 月底之前向本省、自治区、直辖市人民政府管理测绘工作的部门汇交。

②国务院有关部门在地方的直属单位，其测绘成果的目录和副本直接交测区所在地的省、自治区、直辖市人民政府管理测绘工作的部门，由他们转交国家测绘地理信息局。

③我国非隶属政府部门的测绘组织和个人在完成测绘任务的当时，向测区所在地的省、自治区、直辖市人民政府管理测绘工作的部门提交测绘成果目录和副本。

④外国组织或者个人经批准在中华人民共和国领域和管辖的其他海域单独测绘时，由

中方接待单位督促其在测绘任务完成后即直接向国家测绘地理信息局提交全部测绘成果副本一式两份；与中华人民共和国有关部门、单位合作测绘时，由中方合作者在测绘任务完成后的两个月内，向国家测绘地理信息局提交全部测绘成果副本一式两份。

国家测绘地理信息局所属全国测绘资料信息中心负责具体接收应向国家测绘局汇交的测绘成果目录和副本，并负责每年编制一次测绘成果目录向有关使用单位提供。

（三）测绘成果的使用

1. 测绘成果的有偿使用

实行测绘成果有偿使用制度对推动我国测绘事业的发展有着深远的意义。

首先，测绘成果有偿使用制度是我国测绘管理上的一项重要制度和测绘体制改革的重大政策，它对于建立我国的社会主义测绘市场经济体制，提高测绘工作的经济效益和社会效益，推动测绘事业的发展有着极其重要的意义。

过去，虽然国家投入了大量资金，组织了大量的测绘队伍，完成了许多测绘任务，取得了大量的测绘成果，但是由于测绘成果的无偿使用，给测绘事业的发展带来许多制约因素，测绘事业的可持续发展缺乏资金，测绘人员的生活条件无法得到改善。有偿使用测绘成果，给测绘事业的发展创造了有利条件。

其次，测绘成果有偿使用制度是培育和健全测绘市场机制，建立与社会主义市场经济相适应的测绘市场管理体制的一项创举。它使测绘成果的价值在测绘市场中得到充分的补偿。

最后，测绘成果有偿使用制度对于测绘生产单位、测绘资料管理部门的工作积极性产生强大的推动作用，使现有的大部分福利型、公益型和事业型的测绘单位逐步向经营型转变。

2. 测绘成果的使用规定

①需要使用其他省、自治区、直辖市的基础测绘成果的单位，必须持本省、自治区、直辖市人民政府测绘行政主管部门的公函，向该成果所在省、自治区、直辖市的测绘行政主管部门办理使用手续。

需要使用其他省、自治区、直辖市专业测绘成果的单位，按专业成果所属部门规定的办法执行。

②军事部门需要使用政府部门测绘成果的，由总参谋部测绘主管部门或者大军区、军兵种测绘主管部门，通过国务院测绘行政主管部门或者省、自治区、直辖市人民政府测绘行政主管部门统一办理。

政府部门或者单位需要使用军事部门测绘成果的，由国务院测绘行政主管部门或者省、自治区、直辖市人民政府测绘行政主管部门，通过总参谋部测绘主管部门或者大军区、军兵种测绘主管部门统一办理。

③测绘成果不得擅自复制、转让或者转借。确须复制、转让或者转借测绘成果的，必须经提供该测绘成果的部门批准；复制保密的测绘成果，还必须按照原密级管理。

④国务院有关部门对外提供中华人民共和国未公开的测绘成果，必须报经国务院测绘行政主管部门批准。地方有关部门和单位对外提供中华人民共和国未公开的测绘成果，必须报经省、自治区、直辖市人民政府测绘行政主管部门批准，并确保重要军事设施的安全保密。

（四）测绘成果的保密制度

《中华人民共和国保守国家秘密法》第二十条规定："报刊、书籍、地图、图文资料、声像制品的出版和发行以及广播节目、电视节目、电影的制作和播放，应当遵守有关保密规定，不得泄露国家秘密。"

1. 对外提供我国测绘资料的有关规定

为加强我国对外开展经济、文化、科学技术合作中向外提供我国测绘资料的管理，国务院 1983 年 12 月 16 日批准发布了国发〔1983〕192 号文件《关于对外提供我国测绘资料的若干规定》，对在中外经济、文化、科学技术合作中对外提供我国测绘资料提出了具体要求，这些要求主要有以下几项：

①经国家批准的中外经济、文化、科学技术合作项目，凡涉及对外提供我国测绘资料时，要搞清其目的和用途。合作项目中必不可少的测绘资料，原则上均可提供，但要严格控制其品种、范围和精度，并应区别情况进行必要的技术处理。

②任何部门和单位不得请外国人在我国领土和领海上进行各种测绘工作。

③向外提供我国测绘资料必须履行审批手续。国务院各部委、各直属机构及其在地方的流动单位，送国家测绘局审批；省、市、自治区人民政府各单位（包括中央国家机关常驻地方单位），送所在省、市、自治区测绘局（处）审批。为确保我国重要军事设施的安全保密，各送审单位应事先征得总参谋部或当地大军区同意后，再报国家测绘部门审批。

2. 对外经济合作提供资料保密规定

改革开放和加入 WTO 后，我国的对外经济交往越来越多，测绘行业的对外交往活动也随着增多，为适应对外开放和经济建设的需要，在对外经济合作中有时需要提供国家的秘密测绘资料。当对外提供秘密测绘资料时，一定要从国家整体利益和对外经济合作的实际出发，权衡利弊，遵循合理、合法、适度的原则，做到既能维护国家秘密安全，又有利于保障和促进对外经济合作的顺利进行。一般情况下应注意以下几点：

第一，应按照规定的审批权限，经有关部门审批后再向外提供。

①绝密级资料，原则上不得向外提供，确须对外提供的，须经国务院有关业务主管部门审批，或者由国务院有关业务主管部门按照有关规定审核后报国务院审批。

②机密级资料，涉及全国性的，须经国务院有关业务主管部门审批；不涉及全国性的，须经省、自治区、直辖市业务主管部门或国务院有关业务主管部门授权的单位审批，其中，国务院有关业务主管部门有特殊规定的，应从其规定。

③秘密级资料，涉及全国性的，须经国务院有关业务主管部门审批；不涉及全国性的，须经所涉及的地、市级及其以上地方业务主管部门或国务院有关业务主管部门授权的单位审批，其中，国务院有关业务主管部门有特殊规定的，应从其规定。

④涉及军事、军工方面的国家秘密资料，须按照国务院和中央军委的有关规定，经有审批权的军事机关或军工主管部门审批。

第二，对外提供资料的保密工作由对外经济合作项目的主办单位具体负责。

第三，要严格按照经过批准的范围对外提供国家秘密资料，并办理要求对方承担保密义务的手续。

第四，严禁个人对外提供国家秘密资料。

二、测量标志保护

（一）测量标志的保护和保管

国家历来十分重视测量标志的保护工作，周恩来总理就曾签署过关于保护测量标志的命令。目前，《测绘法》专门在第七章谈及测量标志保护的问题，并将测量标志的保护问题作为全社会的共同责任和公民的基本义务确定下来。

1. 测量标志保护的意义

①测量标志是国家的宝贵财富，是我们进行经济建设和完成测绘任务的重要基础设施，也是广大测绘工作者长期艰苦奋战、付出巨大代价所获得的测绘成果。

②测量标志的价值不仅是其建造的费用，更重要的是为测定每一个标志的数据所付出的测绘人员的艰苦努力和巨大的财力投入。

③永久性测量标志一经建立，将长期发挥作用，一旦遭到损毁或移动，将造成巨大损失和严重后果。

一般情况下恢复一座测量标志要付出建造时几倍的工作量，高等级的永久性测量标志一旦破坏，将很难恢复，直接影响到国家建设。因此，《测绘法》第三十五条规定："任何单位和个人不得损毁或者擅自移动永久性测量标志和正在使用中的临时性测量标志，不得侵占永久性测量标志用地，不得在永久性测量标志安全控制范围内从事危害测量标志安全和使用效能的活动。"

所谓永久性测量标志，是指各等级的三角点、基线点、导线点、军用控制点、重力点、天文点、水准点和卫星定位点的木质觇标、钢质觇标和标石标志，以及用于地形测图、工程测量和形变测量的固定标志和海底大地点设施。

2. 测量标志的保护和保管的有关规定

《中华人民共和国测绘法》第三十六条规定："永久性测量标志的建设单位应当对永久性测量标志设立明显标记，并委托当地有关单位指派专人负责保管。"第三十九条规定："县级以上人民政府应当采取有效措施加强测量标志的保护工作。县级以上人民政府测绘行政主管部门应当按照规定检查、维护永久性测量标志。乡级人民政府应当做好本行政区内的测量标志保护工作。"

《中华人民共和国测量标志保护条例》第十二条规定："国家对测量标志实行义务保管制度。设置永久性测量标志的部门应当将永久性测量标志委托测量标志设置地的有关单位或者人员负责保管，签订测量标志委托保管书，明确委托方和被委托方的权利和义务，并由委托方将委托保管书抄送乡级人民政府和县级以上人民政府管理测绘工作的部门备案。"这就是目前我国实行的测量标志委托保管制度。

遵照《测绘法》，为了充分调动各方面的积极性，加强对测量标志的保护工作，有些省、自治区、直辖市针对各自的具体情况，对测量标志的维修和保护实行更为明确的"统一管理、分级负责"制，即省级测绘管理机构明确负责本省行政区内国家一、二等测量标志的维修和保护工作；市、县（市）人民政府管理测绘工作的部门负责本辖区内国家三、四等测量标志和城市测量标志的维修和保护工作。乡级人民政府应当做好本行政区内的测量标志保护管理工作。这样做的目的是要充分发挥乡镇人民政府保护测量标志的职能，健全测量标志管护网络，完善管理机制，及时沟通情况，反馈信息。对于有些专业单位自建、自用的测量标志，由其建设单位自行负责维修和保护。

第一，测量标志保管单位和保管人员的职责。

《中华人民共和国测量标志保护条例》赋予测量标志保管单位和保管人员如下权利和义务：

①负责保管测量标志的单位和人员，应当对其所保管的测量标志经常进行检查；发现测量标志有被移动或者损毁的情况时，应当及时报告当地乡级人民政府，并由乡级人民政府报告县级以上地方人民政府管理测绘工作的部门。

②负责保管测量标志的单位和人员有权制止、检举和控告移动、损毁、盗窃测量标志的行为，任何单位或者个人不得阻止和打击报复。

第二，按照《测绘法》的要求，任何单位和个人都有保护测量标志和测量标志用地的义务。禁止下列行为：

①在测量标志上架设电线、搭建帐篷、拴牲畜。

②在测量标志用地范围内烧荒、耕种。

③在距测量标志中心 20 m 范围内挖沙、取土。

④采矿、采石或其他爆破活动。

⑤在距测量标志中心 50 m 范围内架设高压电力线。

在保护好测量标志的同时，也要保护好农民的切身利益，农村集体经济组织发包和调整承包耕地，应当扣除设置在可耕地中的永久性测量标志所占用地面积。

由于测量标志遍及全国城乡，有很多是在荒漠和边远地区，要切实保护好测量标志，仅仅依靠测绘管理部门是很困难的，必须走群众路线，依靠各级政府，依靠当地各有关单位和广大群众进行保护。实践证明，委托保管制度是一项十分有效的保管制度。

（二）测量标志的使用

《测绘法》第三十八条规定："测绘人员使用永久性测量标志，必须持有测绘作业证件，并保证测量标志的完好。保管测量标志的人员应当检查测量标志使用后的完好状况。"

这项规定对测量标志的使用人员和测量标志的保护单位及保管人员提出了明确要求。测绘人员在使用测量标志过程中要保证测量标志的完好，避免损坏，使用之后要整饰恢复原状。如盖好标志盖和井盖，将地下标志培土埋好，最好请保管人员现场检查，确认测量标志完好无损后再离开现场。保管单位和保管人员对使用后的测量标志有查验其完好状况的权利和义务。

《中华人民共和国测量标志保护条例》第十五条规定："国家对测量标志实行有偿使用；但是，使用测量标志从事军事测绘任务的除外。测量标志有偿使用的收入应当用于测量标志的维护、维修，不得挪作他用。"

（三）测量标志的拆迁和重建管理

《测绘法》第三十七条规定："进行工程建设，应当避开永久性测量标志；确实无法避开，需要拆迁永久性测量标志或者使永久性测量标志失去效能的，应当经国务院测绘行政主管部门或者省、自治区、直辖市人民政府测绘行政主管部门批准；涉及军用控制点的，应当征得军队测绘主管部门的同意。所需迁建费用由工程建设单位承担。"

1. 测量标志拆迁的审批

《中华人民共和国测量标志保护条例》规定：进行工程建设，应当避开永久性测量标志；确实无法避开，需要拆迁永久性测量标志或者使永久性测量标志失去使用效能的，工程建设单位应当履行下列批准手续：

①拆迁基础性测量标志或者使基础性测量标志失去使用效能的，由国务院测绘行政主管部门或者省、自治区、直辖市人民政府管理测绘工作的部门批准。

②拆迁部门专用的永久性测量标志或者使部门专用的永久性测量标志失去使用效能的，应当经设置测量标志的部门同意，并经省、自治区、直辖市人民政府管理测绘工作的部门批准。

2. 测量标志拆迁费用的支付

①经批准拆迁基础性测量标志或者使基础性测量标志失去使用效能的，工程建设单位应当按照国家有关规定向省、自治区、直辖市人民政府管理测绘工作的部门支付迁建费用。

②经批准拆迁部门专用的测量标志或者使部门专用的测量标志失去使用效能的，工程建设单位应当按照国家有关规定向设置测量标志的部门支付迁建费用；设置部门专用的测量标志的部门查找不到的，工程建设单位应当按照国家有关规定向省、自治区、直辖市人民政府管理测绘工作的部门支付迁建费用。

此外，还应注意两个问题：拆迁永久性测量标志，应当通知负责保管测量标志的有关单位和人员；永久性测量标志的重建工作，由收取测量标志迁建费用的部门组织实施。

以上关于测量标志的拆迁、拆迁审批的主管机关和拆迁费用等问题，可概括为以下几方面：

①规定：进行工程建设应当避开永久性测量标志，即测量标志不能随意拆迁，进行工程建设和其他活动都有保护好测量标志的义务。

②对确实无法避开、须拆迁永久性测量标志或者使测量标志失去效能，才产生拆迁问题。

所谓"确实无法避开"主要是指：重点建设工程确实不能避开，必须拆迁；建筑物上的测量标志因建筑物须要改造而需拆迁测量标志（如大楼顶部、钟楼、教堂、寺院、工厂烟囱、水塔、桥梁）。所谓"使测量标志失去效能"，如在距测量标志 120 m 范围内架设高压电缆，致使测量标志不能使用。

③拆迁测量标志应由建设单位分别报国务院测绘行政主管部门或者省、自治区、直辖市人民政府管理测绘工作的部门审批。

④审查批准拆迁的永久性测量标志，必须由致使拆迁的建设单位支付拆迁费用。

设置永久性测量标志的部门应当按照国家有关的测量标志维修规划，对永久性测量标志定期组织维修，保证测量标志正常使用。

全国性的测量标志维修规划，由国务院测绘行政主管部门会同国务院其他有关部门制订。省、自治区、直辖市人民政府管理测绘工作的部门应当组织同级有关部门，根据全国测量标志维修规划，制订本行政区域内的测量标志维修计划，并组织协调有关部门和单位统一实施，以使测量标志在国民经济建设中更好地发挥作用。

第五节　地理信息系统的研究

一、GIS 基本构成

一个实用的 GIS，要支持对空间数据的采集、管理、处理、分析、建模和显示等功能，其基本构成一般包括硬件系统、软件系统、空间数据、应用人员四方面。

（一）硬件系统

CIS 的硬件平台用以存储、处理、传输和显示地理信息或空间数据，主要包括 GIS 主机、GIS 外部设备和 GIS 网络设备三个部分。

1. GIS 主机

CIS 主机包括大型、中型、小型机，工作站/服务器和微型计算机，其中各种类型的工作站/服务器成为 GIS 的主流，特别是由 Intel 硬件和 Windows NT 构成的 PC 工作站正成为工作站市场的新宠。NT 工作站成本相对低，具有可管理性，标准图形化平台和 PC 结构以及效率高等特点，广泛应用于 GIS 和某些科学应用领域。服务器作为在网络环境下提供资源共享的主流计算产品，具有高可靠性、高性能、高吞吐能力、大内存容量等特点，具备强大的网络功能和友好的人机界面。

2. GIS 外部设备

GIS 外部设备包括各种输入和输出设备。

输入设备有图形数字化仪、图形扫描仪、数字摄影测量设备等。新一代大幅面图形扫描仪提供高分辨率、真彩色、近乎完美的图像效果，是图形、图像数据录入和采集较为有效的工具。

输出设备有各种绘图仪、图形显示终端和打印机等。

3. GIS 网络设备

基于客户/服务器体系结构，并在局域网、广域网或因特网支持下的分布式系统结构已经成为 GIS 硬件系统的发展趋势，因此，网络设备和计算机通信线路的设计成为 GIS 硬件环境的重要组成部分。GIS 网络设备包括布线系统、网桥、路由器和交换机等。

（二）软件系统

GIS 软件是系统的核心，用于执行 GIS 功能的各种操作，主要包括六个子系统：数据输入和转换；图形和文本编辑；空间数据操作和分析；数据和图形显示输出；数据库及其管理系统；人机交互界面。按功能可分为 GIS 专业软件、数据库软件和系统管理软件等。

GIS 专业软件包含了处理地理信息的各种高级功能，可作为其他应用系统的平台，代表产品有美国的 ArcGIS、Mapinfo，澳大利亚的 GENAMAP，加拿大的 TITAN/GIS、PCI，国内的有中国地质大学的 MapGIS、北大遥感所的 CITYSTAR、超图的 SuperMap、Skyline 等。一般这些软件都包含以下主要核心模块：数据输入和编辑、空间数据管理、数据处理和分析、数据输出、用户界面和系统二次开发能力等。

数据库软件除了支持复杂的空间数据管理以外，还包括服务于以非空间属性数据为主的数据库系统，主要有 Oracle、Sybase、Informix、DB2、SQL Server、Ingress 等。

系统管理软件主要是指计算机操作系统，如 MS-DOS、Unix、Windows2000/XP、Windows NT、VMS 等，它们主要关系到 GIS 软件和开发语言使用的有效性。

（三）空间数据

空间数据是地理信息系统的重要组成部分，是系统分析加工的对象，也是地理信息系统表达现实世界的经过抽象的实质性内容，一般包括三方面的内容：空间位置坐标数据，相应于空间位置的属性数据以及时间特征。空间位置坐标数据是指地理实体的空间位置和相互关系；属性数据则表示地理实体的名称、类型和数量等；时间特征指实体随时间发生的相关变化。

根据地理实体的空间图形表示形式，可将空间数据抽象为点、线、面三类元素，数据表达可以采用矢量和栅格两种组织形式，分别称为矢量数据结构和栅格数据结构。

通常，空间数据以一定的逻辑结构存放在空间数据库中，数据库由数据库实体和数据库管理系统组成，数据库实体存储数据文件和大量数据，而数据库管理系统主要对数据进行统一管理，包括查询、检索、增删、修改和维护等。空间数据库是 GIS 的重要组成和应用资源，它的建立和维护是一项很复杂的工作，其技术也在不断完善中，空间数据库引擎则代表着这一技术的最新进展。

（四）应用人员

GIS 应用人员包括具有地理信息系统知识的高级应用人才，具有计算机知识的软件应用人才，具有较强实际操作能力的软硬件维护人才等，他们的业务素质和专业知识是 GIS 工程及其应用成败的关键。

二、GIS 的功能与应用

GIS 包含了处理地理信息的各种高级功能，但它的基本功能是数据的采集、管理、处理、分析和输出。GIS 通过空间分析技术、模型分析技术、网络技术、数据库和数据库集成技术、二次开发环境等演绎出各种系统应用功能，满足社会和用户的需求。

（一）GIS 基本功能简介

GIS 软件一般由五部分组成，即空间数据输入管理、数据库管理、数据处理分析、数据输出管理及应用模型。

1. 数据采集与编辑

地理信息系统的数据通常抽象为不同的专题或层，数据采集与编辑功能就是保证各层实体的地物要素按顺序转化为平面坐标及对应的代码输入计算机中，转换成计算机所要求的数字格式进行存储。由于空间地理数据具有不同的类型，包括地图数据、影像数据、地形数据、属性数据及元数据等，因此，随着数据源种类的不同、输入设备的不同及系统选用数据结构和数据编码的不同，需要采用不同的软件和输入方法。

2. 数据存储与管理

数据库是数据存储与管理的技术。同一般数据库相比，地理信息系统数据库不仅要管理属性数据，还要管理大量图形数据，以描述空间位置分布及拓扑关系。因此，地理信息系统数据库管理功能除了对数据进行采集、管理、处理、分析和输出之外，还需要对空间数据进行管理，主要包括：空间数据库的定义、数据访问和提取、从空间位置检索空间物体及其属性、从属性条件检索空间物体及位置、开窗和接边操作、数据更新和维护等。

3. 空间数据处理和变换

GIS 涉及的数据类型多种多样，同种类型数据的质量也可能有很大差异。为了保证数据的规范和统一，建立满足用户需求的数据文件，数据处理便成为 GIS 基础功能之一，其功能的强弱直接影响到地理信息系统应用范围。

空间数据处理涉及的范围很广，一般包括数据变换、数据重构、数据提取等内容。数据变换指数据数学状态变换，包括几何纠正、投影转换和辐射纠正等；数据重构是指数据格式的转换，包括结构转换、格式变换、类型替换等，以实现多源数据和异构数据的连接与融合；数据提取是指对数据进行某种有条件的提取，包括类型提取、窗口提取、空间内插等。

4. 空间数据分析

空间分析是地理信息系统科学内容的重要组成部分，也是评价一个地理信息系统功能的主要指标之一，它可以帮助确定地理要素之间新的空间关系，通过对空间数据的分析提供空间决策信息。

空间分析方法可以分为以下两种类型：①产生式分析：数字地面模型分析，空间叠合分析，缓冲区分析，空间网络分析，空间统计分析。②咨询式分析：空间集合分析，空间数据查询。

数字地面模型分析包括地形因子的自动提取，地表形态的自动分类，地学剖面的绘制和分析等。

空间叠合分析是在统一空间参照系统条件下，将同一地区两个地理对象的图层进行叠合，以产生空间区域的多重属性特征，或建立地理对象之间的空间对应关系。空间叠合分析包括点与多边形的叠合、线与多边形的叠合、多边形与多边形的叠合三种类型。

缓冲区分析模型是根据分析对象的点、线、面实体，自动建立它们周围一定距离的带状区，用以识别这些实体或主体对邻近对象的辐射范围或影响度，以便为某项分析或决策提供依据。在进行空间缓冲区分析时，通常须将研究的问题抽象为主体、邻近对象和作用条件三类因素来进行分析。

网络是由一个点、线的二元关系构成的系统，用于描述某种资源或物质在空间上的运动，任何一个能用二元关系描述的系统，都可以用图提供数学模型。构成网络的基本元素：结点、链或弧段、障碍、拐角、中心和站点。网络分析方法主要包括路径分析和定位-配置分析。

空间统计分析主要用于数据分类，很多情况下都需要先将大量未经分类的数据输入信息系统的数据库，然后要求用户建立具体的分类算法，以获得所需信息。因此，数据分类方法成为地理信息系统重要的组成部分。空间统计分析包括变量筛选分析和变量聚类分析两种方法。

空间数据集合分析和查询是指按照给定的条件，从空间数据库中检索出满足条件的数据，以回答用户提出的问题。空间集合分析是按照两个逻辑子集给定的条件进行逻辑运算，结果是"真"或"假"；空间数据查询则定义为从数据库中找出所有满足属性约束条件和空间约束条件的地理对象。

5. 地理信息系统应用模型

地理信息系统应用模型的作用就是通过一定程度的简化和抽象，通过逻辑的演绎，分析实际复杂的客观问题及过程，去把握地理系统各要素之间的相互关系、本质特征及可视化显示。

地理信息系统应用模型根据所表达的空间对象的不同可分为三类：基于理论化原理的理论模型，基于变量之间的统计关系或启发式关系的模型，基于原理和经验的混合模型。按照对象的瞬时状态和发展过程，可将模型分为静态、半静态和动态三类。

6. 地理信息系统产品的输出

GIS 产品是指经由系统处理和分析，产生具有新的概念和内容，可以直接输出供专业规划或决策人员使用的各种地图、图像、表格、数据报表或文字说明，输出内容包括空间数据和属性数据两部分，输出介质可以是纸、光盘、磁盘、显示终端等。

（二）GIS 的应用

1. GIS 应用特点

（1）GIS 应用领域不断扩大

目前 GIS 的应用领域已发展到 60 多个，主要涉及地质、地理、测绘、石油、煤炭、冶金、土地、城建、建材、旅游、交通、铁路、水利、农业、林业、环保、教育、文化等领域。

（2）GIS 应用研究不断深入

早期的 GIS 应用主要用于制图和空间数据库管理，现今的大多数应用都包括了制图模拟，如地图再分类、叠加和简单缓冲区的建立等。新的应用集中体现在空间模拟上，即利用空间统计和先进的分析算子进行应用模型的分析和模拟。

（3）GIS 应用社会化

GIS 人才的不断培养，使得 GIS 的用户数量快速增长，呈现社会化应用趋向，成为人们研究、生产、生活、学习和工作中不可缺少的工具和手段。

（4）GIS 应用全球化

地理信息系统的应用正席卷全球，在美国、西欧和日本等发达国家，已建立了国家级、洲际以及各种专题性的 GIS，GIS 应用的国际化、全球化已成为一种趋势。

（5）GIS 应用环境网络化、集成化

在地理信息系统中，有很多基础数据，它们是社会共享资源，如基础地形库，人口、资源库，经济数据库。因此，有必要建立国家及省、市地区级基础数据库。此外，由于各行各业中信息数量的增长，信息种类及其表达的多样化，各种集成环境对地理信息系统的推广应用十分重要，如 3S 集成系统等。

（6）GIS 应用模型多样化

GIS 在专业领域中的应用，须开发专业模型，随着专业领域的不断发展，GIS 应用模型也越来越多，既有定量模型，也有定性模型；既有结构化模型，又有非结构化模型。

2. GIS 应用领域概述

地理信息系统又称空间信息系统，因此，与空间位置有关的领域都是地理信息系统的重要研究领域。

（1）国土资源管理

国土资源是国家的重要资源，是国民经济和人类生存的基础。国土资源包括土地资源、矿产资源等。由于国土资源一般都与地理空间分布有关，所以国土资源的管理与监测最需要使用地理信息系统技术。

国土资源的种类很多，对国土资源管理与监测的内涵也不尽相同，所以国土资源管理部门需要开发许多不同功能和特点的 CIS 应用系统，包括土地利用监测系统、土地规划系统、地籍管理信息系统、土地交易信息系统、矿产管理信息系统、矿产采矿权交易信息系统等。

（2）水利资源与设施管理信息系统

水利资源及其设施的管理也是地理信息系统的重要应用领域。水利资源的管理包括河流、湖泊、水库等水源、水量、水质的管理，水利设施的管理包括大坝、抽排水设施、水渠等的管理，水资源的管理又涉及洪水和干旱监测。

（3）基于 GIS 的电子政务系统

电子政务通俗地说就是政务办公信息系统。由于各级政府的许多工作都与地理信息、位置信息有关，所以，GIS 在电子政务系统中具有极其重要的地位，可以说是电子政务信息系统的基础。我国电子政务启动的四大基础数据库中就包含基础地理空间数据库。在基于 GIS 的电子政务系统中可以进行宏观规划和宏观决策，也可以用于日常办公管理。如国土资源管理、规划信息系统、水利资源与设施管理信息系统均属于 GIS 在电子政务方面的应用范畴。

（4）交通旅游信息系统

地理信息系统为大众服务主要体现在交通旅游方面，人们的出行旅游以及空间位置需要位置服务。这种服务可以由网络或移动设备提供，人们可以在网上或移动终端上查找旅行路线，包括公交车换乘的路线和站点等。

地理信息系统目前最广泛的用途是电子地图导航。在汽车上装有电子地图和 GPS 等导航设备，实时在电子地图上指出汽车当前的位置，并根据终点查找出汽车行驶的最佳路径。

（5）地理空间信息在数字化战场中的应用

地理信息系统、遥感及卫星导航定位技术在现代化战争中的地位越来越重要。战场的地形环境、气象环境、军事目标等都可以在地理信息系统中表现出来，以建立虚拟数字化战场环境。指挥人员在虚拟数字化战场环境中及时了解战场的地形状况、气象环境状况、敌我双方兵力的部署，迅速做出决策。

参考文献

[1] 阳凡林，翟国君，赵建虎. 海洋测绘丛书海洋测绘学概论 [M]. 武汉：武汉大学出版社，2022.

[2] 王占武. 测绘法规与工程管理 [M]. 2 版. 成都：成都西南交大出版社有限公司，2022.

[3] 张文博，肖洪，李爽. 无人机测绘技术应用及成本研究 [M]. 长春：吉林科学技术出版社，2022.

[4] 柳志刚，三利鹏，张鹏. 测绘与勘察新技术应用研究 [M]. 长春：吉林科学技术出版社，2022.

[5] 曹春华，薛梅，郑运松，等. 空间测绘探索 [M]. 北京：中国测绘出版社，2021.

[6] 马泽忠. 现代测绘成果质量管理方法与实践 [M]. 重庆：重庆大学出版社有限公司，2021.

[7] 刘仁钊，马啸. 高等职业教育测绘地理信息类"十三五"规划教材无人机倾斜摄影测绘技术 [M]. 武汉：武汉大学出版社，2021.

[8] 徐文兵，赵红. 数字地形图测绘原理与方法 [M]. 北京：原子能出版社，2021.

[9] 徐兴彬，安丽. 不动产调查与测绘 [M]. 武汉：华中科学技术大学出版社，2021.

[10] 王铁生，袁天奇. 测绘学基础 [M]. 2 版. 北京：科学出版社，2021.

[11] 李元希. 房地产测绘 [M]. 北京：北京理工大学出版社有限责任公司，2021.

[12] 李必军，张红娟，等. 现代测绘技术与智能驾驶 [M]. 北京：科学出版社，2021.

[13] 徐成业，汤玉兵，马玉江. 测绘工程技术研究与应用 [M]. 香港：文化发展出版社，2021.

[14] 王冬梅. 无人机测绘技术 [M]. 武汉：武汉大学出版社，2020.

[15] 张启来. 城市测绘工程实务 [M]. 北京：中国建材工业出版社，2020.

[16] 余培杰，刘延伦，翟银凤. 现代土木工程测绘技术分析研究 [M]. 长春：吉林科学技术出版社，2020.

［17］李思杰，贾永强，刘宏荣. 测绘技术与发展研究［M］. 哈尔滨：哈尔滨地图出版社，2020.

［18］肖永东，朱劲松，杨世安. 测绘 CAD［M］. 天津：天津科学技术出版社，2020.

［19］汪仁银，徐永芬，魏国武. 测绘基础［M］. 北京：地质出版社，2020.

［20］琚芳芳，翟全德，秦星敏. 测绘学基础［M］. 武汉：中国地质大学出版社，2020.

［21］刘仁钊，马啸. 测绘技术基础［M］. 武汉：武汉大学出版社，2020.

［22］罗向阳，刘琰，尹美娟. 网络空间测绘［M］. 北京：科学出版社，2020.

［23］孙朋，刘敬兵，张景宇. 测绘学概论［M］. 成都：电子科学技术大学出版社，2020.

［24］黄国芳，张绍景，沐巧芬. 水利工程测绘与工程管理［M］. 北京：中国建材工业出版社，2020.

［25］张守伟，赵飞，韩红花. 测绘工程项目管理理论与实践［M］. 天津：天津科学技术出版社，2020.